★ 国防科技知识大百科

神力无敌——陆战武器

田战省 主编

U0381948

西北工业大学出版社

西 安

图书在版编目（CIP）数据

神力无敌：陆战武器 / 田战省主编. — 西安：西北工业大学出版社，2018.11

（国防科技知识大百科）

ISBN 978-7-5612-6402-7

Ⅰ. ①神… Ⅱ. ①田… Ⅲ. ①陆地战争-武器-青少年读物 Ⅳ. ①TJ-49

中国版本图书馆 CIP 数据核字（2018）第 269727 号

SHENLI WUDI—LUZHAN WUQI

神力无敌——陆战武器

责任编辑： 王瑞霞		**策划编辑：** 李　杰	
责任校对： 刘宇龙		**装帧设计：** 李亚兵	

出版发行 西北工业大学出版社

通信地址 西安市友谊西路 127 号　　邮编：710072

电　话 (029) 88491757，88493844

网　址 www.nwpup.com

印 刷 者 陕西金和印务有限公司

开　本 787 mm × 1 092 mm　　1/16

印　张 10

字　数 257 千字

版　次 2018 年 11 月第 1 版　　2018 年 11 月第 1 次印刷

定　价 58.00 元

　　国防，是一个国家为了捍卫国家主权、领土完整所采取的一切防御措施。它不仅是国家安全的保障，而且是国家独立自主的前提和繁荣发展的重要条件。现代国防是以科学和技术为主的综合实力的竞争，国防科技实力和发展水平已成为一个国家综合国力的核心组成部分，是国民经济发展和科技进步的重要推动力量。

　　新中国成立以来，我国的国防科技事业从弱到强、从落后到先进、从简单仿制到自主研发，建立起了门类齐全、综合配套的科研实验生产体系，取得了许多重大的科技进步成果。强大的国防科技和军事实力不仅奠定了我国在国际上的地位，而且成为中华民族铸就辉煌的时代标志。

　　"少年强，则国强。"作为中国国防事业的后备力量，青少年了解一些关于国防科技的知识是相当有必要的。为此，我们编写了这套《国防科技知识大百科》系列丛书，内容涵盖轻武器、陆战武器、航空武器、航天武器、舰船武器、核能与核武器等多个方面，旨在让青少年读者不忘前辈探索的艰辛，学习和运用先进的国防军事知识，在更高的起点上为祖国国防事业做出更大的贡献。

前言

　　战争中,各式各样的武器无疑是战场上最耀眼的主角。而在陆战武器中,威力最大的当属火炮、装甲车和坦克。

　　在这本书中,我们为大家介绍火炮、装甲车和坦克这三种陆战武器。火炮是人类进入热兵器时代后,制造出的第一种威力巨大的武器。在当今战场上,火炮家族成员众多,各有所长,虽然历经百年,仍威力不减。进入20世纪后,特别是第一次世界大战中,许多火力威猛的武器相继出现。这其中以装甲车和坦克的出现最为引人瞩目。如今,装甲车和坦克已成为陆战武器中火力最为强大的武器之一。特别是坦克,自从1916年问世至今,凭借一身钢铁盔甲、强大的火力和优越的机动性能在陆地战场大显身手,获得了无数荣耀,有着"陆战之王"的美誉。

　　本书汇集了世界战史上曾威震一时的火炮、装甲车和坦克,介绍了它们独特的性能及在制造、使用中发生的故事,并配以翔实精美的图片,为大家展现出一幅陆战武器的壮观图景,带领读者走入一个波澜壮阔的陆战武器世界。

战争之神

陆军利盾

陆战之王

战争之神 ▶▶▶

自人类进入火器时代后,火炮便脱颖而出,日益成为战场的主角。火炮射程远,威力大,是由最原始的古代炮——抛石机演变而来的。8世纪,火药的发明为火炮的出现提供了条件。火炮自问世以来,经过不断的发展和改进,先后出现了榴弹炮、加农炮、迫击炮、反坦克炮、无坐力炮、火箭炮、舰炮和航炮等不同用途的火炮。近10多年来,随着科技的发展,激光炮、电磁炮、液体发射药炮等新型火炮也相继问世,使火炮家族日益成为一个兴旺发达、子孙众多的武器世家。

火炮的起源

　　远在冷兵器时代，早期的士兵们便开始使用"炮弹"进行远距离投射来打击敌人。投石器就是这一时期的重要武器。它是一种运用杠杆原理进行远距离投射的简易攻城器械，这种武器在战场上一度所向披靡。火药出现后，热兵器时代开始到来。火炮在此时也应运而生。中国在元代就铸造出火炮来，也是世界上最早使用热兵器的国家。

★ 火炮的鼻祖 ▶▶

　　投石器也称抛石机，是一种在古代东西方都曾出现过的攻打城池关隘的有力武器。古代将士用投石器抛出巨大的石块，砸坏对方的城墙和工事，最大限度地破坏对方的防守。这些穿空而过的巨大石弹，犹如冰雹一样，密集地投向对方阵地，杀伤守城的士兵，破坏城墙和工事。投石器除了投掷石块外，还可以抛掷圆木、金属等其他重物，或者用绳子、棉线等蘸上油料裹在石头上，点燃后发向敌营地，以达到杀死敌人、破坏敌营的目的。在火药发明以前，中国的古人就利用杠杆原理制造出了抛石机来攻城占地，在记录古代战事的古籍中，就有"飞石重十二斤，行二百步"的记载。

▶ 抛石机

★ 霹雳车 ▶▶

　　三国时期，著名的军事家曹操与袁绍在争霸中原时，曹军就发明了一种霹雳车来对付袁军。这种像风车一样的木制器械，能将一大堆几十斤重的石块抛出去，砸烂袁军的城楼。用今天的观念看，这种霹雳车就算是一种简易的自行火炮。随着火药的发明与应用，原来的抛石变成了抛射火药包，并逐渐演变成了火炮。

▶ 抛石机

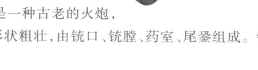

铜火铳

目前，世界上发现最早的火炮是元大德二年（1298 年）的铜火铳，比元至顺三年（1332 年）的碗口铳早了整整 34 年。铜火铳是世界上最早的金属管形火器，小口径火铳是枪的前身，大口径火铳是火炮的前身。早期的大口径火铳都用铜制造，因此称为铜火铳。现藏于中国历史博物馆的铜火铳是一种古老的火炮，它长 353 毫米，口径 105 毫米，重 6.94 千克，形状粗壮，由铳口、铳膛、药室、尾銎组成。铜火铳发射的炮弹是石制或铁制的球形弹丸。

▲ 铜火铳

见微知著　　冷兵器

狭义的冷兵器是指不带火药、炸药或其他燃烧物，在战斗中能直接杀伤敌人，保护自己的近战武器装备。广义的冷兵器是冷兵器时代的所有作战装备，如刀、剑、长枪等。

古代火炮

古代的火炮构造比较简单，弹药从炮口装入，炮管里没有膛线，属于前装式滑膛炮。这种火炮上没有或者只有很简单的瞄准和反后坐装置，射击时往往需要人工点火，发射圆形的石质或铁质实心弹、爆炸弹。17 世纪以后，随着科技的进步，古代火炮逐步向现代火炮演变。

前装式滑膛炮

前装式滑膛炮炮弹飞行不稳定，射程近，射击精度差，而且装填火药不方便。所以，炮手发射火炮要面临很大危险。1460 年，苏格兰国王约翰二世在点燃火炮时，因火炮发生爆炸而死于非命。

▲ 发射圆形铁制实心弹的火炮

最早的火炮

参观过八达岭长城的人，一定对入口处摆放的那几个用生铁铸造的厚圆筒记忆犹新。这几个厚圆筒黑里透亮，威武地矗立在那里，就如同古长城的卫士一样。这几个厚圆筒不是雕塑，而是古时守卫边防要塞的大炮。不过，在古代它们的名字叫"火铳"。这些火铳起初用铜浇铸，所以也叫铜火铳（铜将军）；后来改用生铁浇铸，就被人们叫作铁火铳（铁将军）。

现代火炮鼻祖

如今，我们还能在历史博物馆中看到这种金属浇铸的火铳，这些火铳可被视为最早的火炮，也是现代火炮的鼻祖。在北京中国历史博物馆中就有一尊元宁宗至顺三年（1332年）铸造的铜火铳，这尊火铳比欧洲现存的最古老的火炮还要早500年。而在内蒙古蒙元文化博物馆内还藏有一尊元大德二年（1298年）的火铳，是目前发现的世界上最早的火铳。从它的口径（105毫米）和长度（353毫米）可以看出，当时填装的火药较多，炮弹也较大，因而射程比较远，杀伤威力大。

▲ 长城上的火铳

火铳的原理

为什么说铜火铳是最早的火炮？因为它们的原理相同，都是利用火药能量将炮弹发射出去杀伤敌人。火铳和火炮在基本结构上相差无几，它们都有身管、药室和发火装置，而且为了便于瞄准和操作，它们都有炮架（火铳在发射时装在木架上），且身管都用金属做成。从结构特点和实际效果看，火铳比以前的火药火器具有初速大、射程远、威力大、命中率高和操作方便等优点。后来的火炮都是在此基础上改进和发展而来的，在结构原理和基本形状上并没有根本改变。

◀威远炮

★★★ 火铳的发展 ▶▶▶

　　到了明代，火铳的种类逐渐增多，既有铁制火铳，也有铜铸火铳；既有轻型火铳，也有重型火铳；既有相当于现代迫击炮的短身管大口铳，也有类似现代榴弹炮身管较长的小口铳。此时，火铳的结构和生产工艺也不断地改进和完善。例如，为了提高发射速度，三眼铳、七星铳、子母百战铳等多管火铳相继出现。此外，还出现了采用几个子铳轮换填装火药和弹药来提高填装速度的新火铳，这实际上是最早的后膛炮。后来，其机动性更高，能高低俯仰和左右转动的火铳也出现了。

◀火铳

★★★ 火铳的外传 ▶▶▶

　　13世纪末，中国发明的火药和火铳等经阿拉伯国家相继传入欧洲。到14世纪初，欧洲的一些大国开始制造出用火药发射的火炮。这时，被人们誉为"战争之神"的火炮正式问世了。15世纪，出现了可以将炮固定的炮车，这一发明使大炮的使用更加方便。16世纪前后，炮架出现。有了炮架，火炮便能灵便地向各个方向射击，提高了火炮的杀伤威力。火炮装上炮架，更加接近现代火炮。此后，一些新式大炮相继出现，如葡萄牙的佛郎机大炮和荷兰的红衣大炮等。

▶ 17世纪的欧洲火炮

★聚焦历史★

　　明朝的海军舰船上也装备了火铳，其中一尊明洪武五年制造的大碗口火铳，现陈列在中国人民革命军事博物馆内。这尊火铳与至顺铜火铳齐名，是世界上最早的舰炮。

不断的发展

随着科学技术的日益发展和战争的不断进行,海上战舰的装甲不断加厚,材料性能也不断改进,这就要求有威力更大的火炮来击穿。到 19 世纪,工业水平和科学技术都有了前所未有的大发展。在此背景下,火炮也得到了新的发展。此时,出现了发射长形炮弹的线膛炮,并装有弹性炮架。自 20 世纪 60 年代以来,火炮在射程、射速、威力和机动性等各方面性能都有了明显提高。

实战中的发展

15 世纪,土耳其苏丹穆罕默德二世攻击君士坦丁堡时,曾利用巨型火炮轰开君士坦丁堡的城墙。16 世纪中期,欧洲出现了口径较大的青铜长管炮和铸铁长管炮,并开始采用车载火炮来快速行进和通过起伏的山地。到 16 世纪末,出现了将子弹或金属碎片装在铁桶内制成的霰弹。这种炮弹一旦打出,犹如天降利刃,杀伤力非常大。1600 年前后,一些国家开始利用药包发射散装弹药,提高了炮弹的发射精度和发射速度。

日趋标准化

17 世纪,伽利略的抛物线理论和牛顿对空气阻力的研究,推动了火炮的发展。之后,瑞典国王古斯塔夫·阿道夫设法减轻火炮重量并使得火炮标准化。到 18 世纪中叶,普鲁士国王弗里德里希二世和法国炮兵总监格里博瓦尔致力于提高火炮的机动性和推行火炮的标准化。此时,英法等国经过多次试验,统一了火炮口径,使火炮各部分重量更趋合理。19 世纪初,英国采用了榴霰弹,并用空爆引信保证榴霰弹能在空中爆炸。这一改进提高了火炮的杀伤威力。

▼ 古代火炮大都是前装式滑膛炮,这种火炮上只有简陋的瞄准和反后坐装置,在射击时也常要人工点火

★★滑膛炮▶▶▶

17世纪初,欧洲一些国家相继研制出一些新式火炮,比如葡萄牙的"佛郎机大炮"和荷兰的"红衣大炮"。这些新式火炮所用的炮管内壁光滑,发射的炮弹是球形的实心弹,所以这种炮被称为滑膛炮。但是,这种球形弹在使用中装填不便,威力也较弱。于是,一种和现代炮弹相似的长圆形炮弹出现了。长圆形炮弹虽然装药量多,杀伤威力大,使用也比较方便,但是发射后会在空中会出现东摇西晃的状况,既射不远,也打不准。

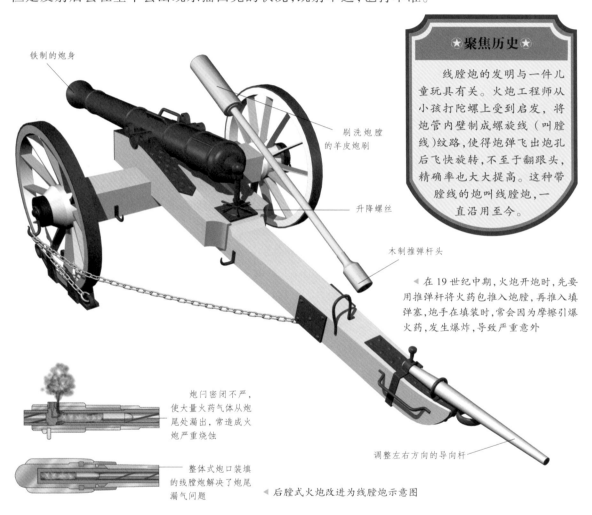

铁制的炮身

刷洗炮膛的羊皮炮刷

升降螺丝

木制推弹杆头

★聚焦历史★

线膛炮的发明与一件儿童玩具有关。火炮工程师从小孩打陀螺上受到启发,将炮管内壁制成螺旋线(叫膛线)纹路,使得炮弹飞出炮孔后飞快旋转,不至于翻跟头,精确率也大大提高。这种带膛线的炮叫线膛炮,一直沿用至今。

◀ 在19世纪中期,火炮开炮时,先要用推弹杆将火药包推入炮膛,再推入填弹塞,炮手在填装时,常会因为摩擦引爆火药,发生爆炸,导致严重意外

炮闩密闭不严,使大量火药气体从炮尾处漏出,常造成火炮严重烧蚀

整体式炮口装填的线膛炮解决了炮尾漏气问题

调整左右方向的导向杆

◀ 后膛式火炮改进为线膛炮示意图

★★线膛炮出现▶▶▶

在19世纪前,火炮大都是前装式滑膛炮。这种没有或是只有简陋的瞄准器和反后坐装置,射击时要人工点火。前装式滑膛炮发射速度慢,射程近。为了增大射程,提高弹丸飞行的稳定性,19世纪初,欧洲各国开始进行线膛炮的试验。1846年,世界上第一门后装式螺旋线膛炮出现了。1870年,英国人研制出膛线,这一发明有效地保证了炮弹的稳定性,并提高了火炮射程。线膛炮的试验成功,宣告了现代火炮从此诞生。

★ 国防科技知识大百科

一战中的火炮

　　第一次世界大战(简称"一战")中,在陆地上,全身披挂钢甲的坦克首次出现在战场上。为了对付这些活动的装甲目标,将加农炮装在车辆上的自动加农炮出现了。在空中,一些地面使用的武器弹药,如炮弹、手榴弹、机枪、步枪等也装备在飞机上,用来攻击地面上的目标。为了对付空中的飞机,各国开始加紧对高射炮的研究。

▲ 一战中,作战双方使用枪械、火炮、飞机等武器进行战斗

★★ 应运而生 ▶▶

　　1914年7月28日,一战爆发。当年8月14日,飞机开始执行作战任务。当时,法国两架双翼飞机用炮弹当炸弹,轰炸了被德国占领的法国东北部城市梅斯的飞机库。到11月21日,3架英国飞机又陆续装上机枪、步枪,带上手榴弹、炮弹,攻击地面行军、作战的部队。为对付飞机的威胁,各参战国都急忙启用高射炮。当年,仅德军就用高射炮对空作战8次。次年,面对敌军肆无忌惮的空中威胁,德军总参谋部要求有关部门迅速提供有效的高射炮。

★★ 大显身手 ▶▶

　　到1916年,一种口径为76.2毫米的新式高射炮研制成功,其战斗性能比老式高射炮有所提高,结构也进一步完善。比如,这种炮的炮身装有缓冲装置,可减少射击震动,同时还增添了瞄准表尺,用以提高射击精度。这种高射炮在进入战场后,使地面部队的防空能力大大提高。1917年,美国先后研制和使用了口径为80、88、90、105毫米的高射炮,射程达到7 300米以上。此后,高射炮的种类和数量也从战前的6种口径14门炮,迅速上升到12种口径1 576门炮。

▲ 一战中的火炮

★★ "巴黎大炮" ▶▶▶

在世界军事史上，最大的火炮是由德国人制造的。这门巨炮就是在一战中闻名世界的"巴黎大炮"。当时，这种大炮共建造了7门，它的设计与制造堪称世界第一流，其射程之远也是世界之最。尽管这门空前的"巨炮"对一战的进程并没有产生太大影响，但它却成为盟军梦寐以求的东西。为防止"巴黎大炮"落入对方手中，德军不但毁坏了设计图纸，而且还将所建造的几门大炮全部拖回工厂融化。

▲ 一战中，正在运往战场的"巴黎大炮"

★聚焦历史★

凡尔登战役后期，一天，一名法国士兵由于操作失误，将一发炮弹击中德军的炮弹库。霎时间，一战中最大规模的爆炸开始了。爆炸结束后，德军阵地变为一片焦土。这次大爆炸促使法军获胜，而那枚歪打正着的炮弹确实功不可没。

★★ 凡尔登战役 ▶▶▶

凡尔登战役发生在一战期间，法、德两国为争夺凡尔登这一战略要地展开了殊死决战。凡尔登战役是一战中破坏性最大、持续时间最长的战役，战事从1916年2月21日延续到12月19日，法、德两国投入100多个师、200万兵力、1800多门大炮。仅在战争开始的当天，德军就在40多千米长的战线上动用1200多门大炮，发射了100多万发炮弹，这场战役的惨烈程度可见一斑。凡尔登战役结束后，法、德双方死亡人数超过25万人，50多万人受伤。这场战役也因此被称为"凡尔登绞肉机"。

▲ 凡尔登战役结束后，遗留在战场上的被损毁的火炮

二战中的火炮

　　第二次世界大战(简称"二战")使火炮的发展和使用都达到了前所未有的程度。在这场世界大战中,各种新式武器轮番上阵,而火炮这种历史悠久的武器更是显示出前所未有的巨大威力,新式火炮的参战不仅大大改变了战争的进行方式,也深刻影响了战争的进程和局面。在二战中,英、美、苏、德四国共制造了近200万门火炮和2 800亿发炮弹,整个战争中75%的步兵伤亡是由大炮造成的。

★ 高射炮再现辉煌 》》》

　　高射炮问世于1906年。20世纪初,飞机和军用飞艇相继升空作战,空中威胁日益严重。为减少空中威胁,德国研制出专门用来对付空中目标的直射火炮。实际上,这种炮比较类似加农炮,但有较长的炮身,初速大,射速快。由于配有火控系统,因此能自动跟踪和瞄准目标。在二战期间,相继出现了各种口径的高射炮,这些高射炮还配备有射击指挥仪和炮瞄雷达等设备,并使用近炸引信,大大提高了射击精度。

▲ 夜空中开火的高射炮

高射炮与坦克的对决

　　1941年,法西斯德国的军队向苏联加盟国立陶宛发起进攻,结果遭到苏军一辆重型坦克的猛烈攻击。遭受攻击的德军迅速请求增援,随后,德军增援部队先后调来6门38式50毫米反坦克炮、6辆坦克炮,炮弹密如雨点地射向苏军坦克,但这辆坦克却安然无恙,依然在不停地射击。最后,德军的一门88毫米高射炮接连发射了7发穿甲弹,才击中苏军坦克。战斗结束后,德军打扫战场发现,这辆苏军坦克是被88毫米高射炮的两枚穿甲弹击穿的,而其余炮弹只是划伤坦克的表皮而已。

▼德国88毫米高射炮

世界上最大的炮

　　二战期间,法西斯头目希特勒梦想着制造出一批世界上威力最大的巨炮,来实现自己征服世界的企图。1942年,德国军工业巨头克虏伯兵工厂制造出一种超级巨炮,它几乎是“巴黎大炮”的两倍,设计师把它命名为“古斯塔夫”火炮,但德国炮兵则更喜欢称它为“大多拉”炮。这门被德军官兵宠爱有加的巨炮,全长42.97米,炮身长32.48米,高11.6米,火炮口径800毫米,炮重(质量)400吨。如果将这门巨炮炮身竖立起来,其炮口要超过10层楼的楼顶。

★聚焦历史★

　　二战中,纳粹德国制造的超级大炮——800毫米“古斯塔夫”,由克虏伯兵工厂建造完成。这门巨炮建造完成后,先是以克虏伯家族的“古斯塔夫”前缀名命名。在被德军以700万马克的价格购买后,它又被冠以工程师妻子的名字“多拉”。

火箭炮

　　火箭炮是在二战初期出现在战场上的,它一次可发射多发火箭弹来消灭敌人的有生力量,以及摧毁各种武器装备、防御工事等齐射装备。二战中,风头最劲的火箭炮是苏联的“喀秋莎”火箭炮。这种炮的口径一般为70~300毫米,炮管数量可达10~45个,其最大射程为8.5千米。其特点是火力猛,射击效率高,可大面积伤毁目标。火箭炮在齐射时,不仅能突然有效地打击敌人,其虎啸龙吟般的响声更能给敌人以精神上的巨大震撼。

▲移动火箭炮

现代火炮的结构

　　虽然核武器、化学武器、生物武器等有着极大的杀伤破坏性，但在现代战争中，常规武器才是战场上的主角。火炮作为一种杀伤力比较强的常规武器，在战场上应用十分普遍。现代火炮的种类非常多，有加农炮、榴弹炮、迫击炮等，它们虽然在工作原理上和古代的火炮基本一致，但在结构上要复杂得多。

★火炮口径▶▶

　　火炮的口径，对滑膛炮来说是指炮膛直径，而对线膛炮则是指阳线（身管凸起的部份）之间的直径距离。火炮口径常以毫米为单位，通常口径在20毫米以上的火器称为炮。二战期间，火炮的口径采用磅位制（以炮弹的磅位为单位）；随着现代制造工艺的提高，火炮的精度也能得到保证，于是，英寸和毫米制开始成为火炮口径的主要标准。通常，在其他条件不变的情况下，火炮的口径越大，威力也就越大。

▲ 小口径火炮

▲ 车载榴弹炮

★★★ 炮口制退器 ►►

大多数现代榴弹炮、加农炮和高射炮等火炮的炮口上都有一个突出的"大疙瘩"，它的正式名称是"炮口制退器"。现代火炮射程多在 15 千米以上，其反作用力相当大，都在上 10 万牛顿到几百万牛顿之间。因此，在火炮口上加装炮口制退器，可以有效地吸收火炮后坐所产生的能量。一般来说，现代火炮的炮口制退器能够吸收后坐能量的 40% 左右。

炮口制退器

炮管

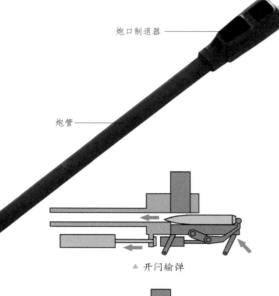

▲ 开闩输弹

★ 炮身 ►►

炮身是火炮的主体部分，由身管、炮尾、炮闩和炮口装置组成。身管是炮身的主体，用来赋予炮弹初速和飞行方向。线膛炮的炮身管使炮弹旋转以保持炮弹飞行的稳定，滑膛炮的炮弹一般不旋转。为保证炮身有足够的强度和纵向刚度，身管一般用镍铬钼系列的高级合金钢制造。炮尾用来盛装炮闩并将身管与反后坐装置连成一体。炮闩用来闭锁炮膛、击发炮弹和抽出发射后的药筒。现代火炮多采用楔式的半自动炮闩，发射后借助炮身复进运动打开，人工装填后自动关闭。

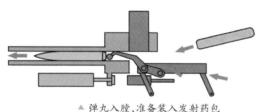

▲ 弹丸入膛，准备装入发射药包

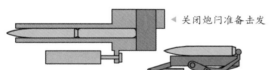

▲ 关闭炮闩准备击发

★★★ 炮车与炮架 ►►

炮车与炮架是火炮支撑炮身的各部件的总称，它能保证火炮射击时的稳定性。它们还包括用于赋予火炮射向的各种装置。对一门机动火炮来说，它们还可为火炮提供运输的手段。炮车与炮架的区别在于射击时炮车以车轮触地，而炮架则不以车轮触地。炮架还可以进一步细分，分为机动炮架和自行炮架。

机动炮架靠车轮运动，但在射击前必须把车轮抬起或者卸掉，射击时则把火炮支撑在座盘或梁架上。自行炮架是装在履带式或轮式底盘上的炮架，这种炮架由动力驱动。

寻根问底

火炮外部的油漆有什么作用？

火炮的许多部件表面都涂着一层草绿色的油漆。这层漆层是一种很密实的薄膜，空气、水分都不易透过，因此它能把金属与空气、水分隔开，有效地防止金属部件生锈。

火炮的用途

即使是现代战争，火炮仍然有着不可替代的作用。20世纪70年代以后，由于新的科学技术在火炮研制领域的广泛运用，特别是以计算机等为代表的高技术的出现和应用，使火炮进入了全新的发展阶段。先后研制出的多种新型火炮，其射程、威力、射速、精度、机动性和自动化程度较之以往都有极大提升。

★★ "战争之神"

火炮是炮兵和防空兵的基本装备，是实施地面作战和火力突击的骨干兵器。火炮分为压制火炮、防空火炮和反坦克炮。现代火炮配备多种弹药，可以打击陆、空和水面的目标，歼灭、压制有生力量和各种技术兵器，摧毁各种防御工事或其他设施，击毁各种装甲目标和完成其他特种射击任务。无数实战已经表明，火炮的杀伤威力在随着火炮的发展不断增大。有数据统计，火炮的杀伤威力已由一战时的45.9%增加到二战时的54.4%。由于战绩卓越，火炮已被誉为"战争之神"。

▶ 2A46M-1型125mm滑膛炮开火瞬间

压制火炮

　　压制火炮是指主要用于压制和破坏地(水)面目标的火炮。压制火炮是炮兵的主体。根据性能的不同,火炮可分为加农炮、榴弹炮、加榴炮、火箭炮和迫击炮。加农炮,身管长、初速大、射程远、弹道低平,适用于对装甲目标、垂直目标和远距离目标的打击。榴弹炮,身管较短、初速小、弹道较弯曲,适于对水平目标射击,主要用于歼灭、压制暴露的和隐蔽的有生力量和技术兵器,破坏工程设施等。各种压制火炮在战斗中可构成平曲结合、远近结合的较完整的炮兵压制火力配系,压制和摧毁地面(水面)的多种目标。

▲ 2A65 式 152mm 榴弹炮

▶ 高射炮

防空火炮

　　防空火炮是随着空中作战的出现而出现的。防空火炮最早出现在 1906 年的德国,当时的德国军队为对付法国飞艇的空袭,专门研制出一种火炮——高射炮。到第一次世界大战爆发前,工业技术先进的国家相继造出高射炮,高射炮也成为防空武器的中坚力量。高射炮分为牵引式和自行式两种,具有身管长、射击准确、360°回转、射速高的特点,多数配有火控系统,以多门炮组成高射炮阵地对空射击。

见微知著　　电磁高射炮

　　电磁高射炮属超高速弹射武器,它以超大功率电磁装置代替传统高炮的发射装置,在炮膛内产生 3 兆焦耳以上的发射动能,驱动弹丸撞击毁伤目标,是一种高效的拦截武器,其防空能力比普通的高射炮高 5 倍以上。

反坦克火炮

　　反坦克火炮是一种主要用于毁伤坦克、装甲目标的火炮。反坦克炮主要有轻型加农炮、滑膛炮和无后坐力炮等,采用脱壳穿甲弹和空心装药穿甲弹时,穿甲厚度达 300 毫米,破甲厚度可达 500 毫米。随着现代高新技术在反坦克炮中的应用,大大提高了其穿甲能力,因而反坦克炮也越来越受到世界各国的重视。目前,一部分反坦克炮已经实现了自动化,火炮上装有电视摄像机和激光测距机,因此,完成射击准备快,射击精度高,机动速度快,穿甲能力强,直射距离远。

▲ 反坦克火炮

五花八门的火炮

火炮从产生到发展,在波澜壮阔的世界战争史上已留下浓墨重彩的一笔。在硝烟弥漫的战场上,火炮曾经发挥了无可取代的重要作用。随着人类战争和战术的不断发展,各种火炮也应运而生,有的久经沙场,有的后来居上,有的承前启后。在日益庞大的火炮家族中,有一些火炮虽然已淡出人们的视野,但它们昔日的辉煌依然被人们津津乐道。

★★ 火炮前辈——臼炮 》》

臼炮的名字是由于其外形类似于人们捣米的石臼,而被人们取名"臼炮"。较早的臼炮是16世纪末期出现的滑膛前装炮,这种炮身管粗短,口径在300~500毫米之间。早期臼炮发射的炮弹是石头做成的,后来改换成铸铁球形弹和燃烧弹。17世纪以后,随着铸炮工艺的不断提高,臼炮的种类也越来越多,用途也日益广泛,有的能摧毁坚硬的防御工事,有的能杀伤敌人,有的专门用来海战。19世纪末,臼炮也由前装炮变为后装的线膛炮,炮管也逐渐被加长,射程也相应增大。

★聚焦历史★

二战开始时,各国就开始大量生产火炮。德、日、苏、英、美五个主要参战国,共生产各种火炮261.24万门,其中仅迫击炮就占71.16万门,占火炮总数的27%,几乎四门火炮中就有一门迫击炮。

▶ 臼炮

第一门线膛炮

1846 年，意大利工程师卡瓦利制成第一门螺旋线膛炮。这门炮虽然有众多不足之处，但是它的出现却标志着火炮革命向前迈出重要一步。到 1854 年，英国人研制出闭锁机，使后装炮得到进一步发展和完善。在此基础上，1864 年，德国的克虏伯兵工厂制造出了精良的钢炮，取代了传统的铸铁炮。随后，多种口径的克虏伯后装炮被多国军队列装，中国的清政府也将购买的克虏伯后装炮拨给海军，用来加固海防。后装火炮由于具有较多的优越性，所以很快被多国采用，并一直沿用至今。

▲ 加农炮身管长，弹道低，适于对装甲目标、垂直目标和远距离目标进行射击

"混血儿"加农炮

16 世纪中期，世界各国普遍使用的火炮都是初速低、射程近的滑膛炮。为了提高火炮的初速和射程，兵器专家找到了增加火炮身管就能使初速和射程问题解决的办法。然而，由于片面追求火炮身管而忽视了炮弹的研制，结果发生了炸膛，导致炮毁人亡。1756 年，俄国人研制出一种长身管的火炮，适宜于发射爆破弹。此炮的身管长度是口径的 10 倍，增大了射程，所以备受欧洲各国喜爱，被各国普遍接受。此后，欧洲各国开始进行仿造和改进。"混血儿"加农炮逐渐成为战场上的主角。

▶ 迫击炮用座钣承受后坐力，是一种主要进行高射界射击的火炮。迫击炮弹道弯曲，落角大，破片杀伤效果优于其他火炮，主要用于压制遮蔽物后、反斜面目标和水平目标

臼炮的衍生炮——迫击炮

迫击炮是 20 世纪初形成的一个炮种，它的最早原型犹如臼炮。世界上第一门真正用于作战的迫击炮出现于 20 世纪初期的日俄争夺战。当时，日军据守险要，俄军使用一般火炮和机枪，难以摧毁日军的战壕和壕内火力点。于是，俄军决定使用水雷投射器发射水雷，以歼灭战壕内的日军。但是水雷数量有限，不能满足炮兵的需要。这时，俄军将领发明了一种超口径长尾形炮弹，将它用海军炮作大仰角发射，有效杀伤了战壕内的日军。这就是世界上第一门真正用于作战的迫击炮。

各色各样的炮弹

威力巨大的火炮在很大程度上依赖炮弹家族强有力的支持。试想，假如一门火炮没有炮弹，即使它的炮管再长，射速再高，也只是一堆无用的废铁。"炮弹家族"异彩纷呈，榴弹、迫击炮弹、火箭弹、穿甲弹、子母弹、末端制导炮弹等都是这个家族著名的成员。目前，许多国家火炮的炮弹射程都已达到 40~80 千米，有的甚至能达到 100 千米以上。

★★★ 炮弹的结构

火炮发射的炮弹一般由引信、弹丸、发射药和底火四部分组成。引信是决定弹丸什么时候爆炸的控制装置，它平时处于安全状态，发射后解除保险，遇到目标时引爆战斗部（弹丸）。弹丸是炮弹中起到直接破坏或杀伤作用的部分，有时又叫战斗部，它通常由弹体、引信和炸药等填装物组成。发射装药是炮弹中体积最大的部分，战斗部主要依靠它爆炸时产生的气浪压力被推送出去。底火是点燃发射药的媒介，通常主要成分是雷汞，撞击就可以激发。

▲ 炮弹示意图

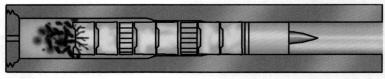

点燃发射药

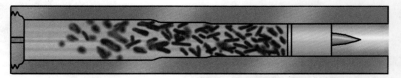

药包在膛内燃烧

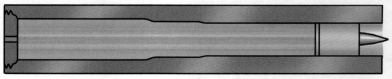

膛压升高弹丸射出炮口

▲ 炮弹在炮管里工作原理示意图

不同型号的穿甲弹

穿甲弹

穿甲弹也称动能弹，主要用于攻击对方装甲目标。穿甲弹的穿甲效能主要取决于弹丸本身的质量、硬度、密度和速度。穿甲弹经过了全口径尖头穿甲弹、全口径钝头穿甲弹、全口径被帽穿甲弹、次口径超速穿甲弹等发展阶段。长杆式尾翼稳定超速脱壳穿甲弹，其弹芯材料从最初的高碳钢合金发展到钨合金乃至贫铀合金，其初速可达到 1 800 米/秒，其穿甲厚度由最初的几十毫米发展到目前的 200~800 毫米，已成为世界公认的对付复合装甲的最有效的炮弹。

碎甲弹

碎甲弹是 20 世纪 60 年代初由英国研制的一种反坦克弹种。这种较薄的弹体内包裹着较多的塑性炸药，短延期引信位于弹体的尾部，只能用线膛炮发射。当碎甲弹命中目标时，受撞击力的作用，弹壳破碎后就会像膏药一样紧贴在装甲表面上，引信引爆炸药后，所产生的冲击波以每平方厘米数百千牛的应力作用于装甲上，从而会使装甲的内壁崩落一块数千克的破片和数十片小破片。这些高速崩落的破片，可杀伤车内乘员，损坏车内设备，从而达到使目标失去战斗能力的目的。

XM777 发射榴弹

榴弹

榴弹是利用弹丸爆炸后产生的碎片和冲击波来进行毁伤目标的弹种。在炮弹家族中，榴弹算得上是家族中的"老前辈"了。坦克上通常装备的是杀伤爆破榴弹，既有爆破作用，又有杀伤作用，用来摧毁野战阵地工事、杀伤敌方兵员和对付薄装甲目标。由于坦克滑膛炮不能发射靠旋转稳定的榴弹，所以只能配用长体式尾翼稳定破甲、杀伤两用弹。

见微知著　　末端制导炸弹

末端制导炸弹是一种长"眼睛"会"思维"的炮弹，它像普通炮弹那样由火炮发射，却能像导弹那样能自主捕捉目标，但没有控制弹道的发动机。当这种炮弹发射出，飞临目标上空时，会自动寻找目标，进行打击。

"灵巧的炸弹"

传统的炮弹都是由火炮发射之后做自由落体运动来击中目标的。但有一种新型炮弹，它就像长了眼睛一样，能非常准确地击中目标。这种炮弹并不是科幻电影中幻想出来的武器，而是现实中就存在的武器，这就是激光制导炸弹。其实，这种炸弹并不是新出现的炮弹，早在20世纪70年代就被研制出来，并被人亲切地称为"灵巧炸弹"。

激光制导炸弹

激光制导炸弹，顾名思义，就是相比常规自由落体炸弹，这种炸弹利用激光的直线传播特性进行制导，以增强炸弹的精确度。其具体过程为，载机借助于激光目标指示器，将激光束投射到目标上，激光束在目标物的表面产生漫反射，漫反射总会有一部分激光反射到激光制导炸弹上，被炸弹的寻的器所接收，之后通过控制系统进行换算，由控制炸弹的飞行舵调整炸弹航向，直至精确命中目标。

◀ GBU—24激光制导炸弹攻击目标

寻根问底

激光制导炸（炮）弹没有弱点吗？

激光武器都有"怕"烟雾、水幕、沙尘的缺陷，因此，人们可用释放烟幕、水幕、烟尘的方法对付敌方激光制导炸弹。越南战争（简称"越战"）中，越南就采用了烟雾、水幕遮蔽的方法，使美军激光制导炸弹的命中率大大下降。

▲ 宝石路Ⅱ激光制导炸弹

▲ F-16C 投掷激光制导炸弹

越战显威

　　激光制导炸弹是美国在 1968 年研制成功的。之后，这种新型炸弹便在越战中大显身手。越战中，美军曾数次出动轰炸机轰炸越南的清化大桥，虽然投放了几十吨炸弹，损失了好几架飞机，但大桥依然屹立不倒。后来，美军采用激光制导炸弹，仅用两枚这种"长眼睛的炸弹"就将清化大桥彻底炸毁。从此，激光制导炸弹威名大振。据统计，整个越战期间，美军共投掷激光制导炸弹 25 000 枚，炸毁重要目标 1 800 个，其中还包括普通航弹难以摧毁的桥梁 106 座。

海湾战争再建奇功

　　1991 年的海湾战争中，激光制导炸弹再次大显神威，其命中率高达 90% 以上，有的甚至能从楼房顶部的通气孔钻进去，杀伤楼内人员。当连续投弹时，后一枚炸弹竟能准确地飞入前一枚炸开的缺口中，摧毁坚固的底下掩体。在一次战斗中，美军出动两架飞机，各携带 8 枚激光制导炸弹，在短短的半小时之内就击毁了伊拉克的 16 辆坦克，可以说弹无虚发，百发百中。有人统计过，在海湾战争中，除少量"战斧"导弹外，精确制导武器里使用最频繁的就是激光制导炸弹。

▲ F-16D 携带的激光制导炸弹

激光制导炮弹

　　激光制导炮弹同样也具有"灵巧炸弹"那样打得准的神奇本领。美国在 20 世纪 70 年代初制成的"铜斑蛇"激光制导炮弹，弹长 1.37 米，重约 59 千克，比同口径的普通炮弹重 16 千克。从外形看，它既像导弹，又有炮弹的特征。这种炮弹采用 155 毫米榴弹炮发射，射程 4~20 千米，弹着点散布仅有 0.3~1 米，而同类口径的普通榴弹的散布却达 14~18 米。由此可见，激光制导炮弹"准"的本领非同凡响，是射击远处的坦克、装甲车辆等活动目标的最佳选择。

★ 国防科技知识大百科

榴 弹 炮

榴弹炮是一种身管较短、弹道较弯曲的中程火炮。榴弹炮口径较大，杀伤威力大，主要用于炮兵部队歼灭、压制在较大纵深范围内的已经暴露或隐蔽在遮蔽物后的敌有生力量和其他弱防护车辆、设施。现代榴弹炮的配弹呈多样化发展，除了高威力的杀伤爆破榴弹之外，还有反坦克布雷弹、反坦克子母弹、末制导炮弹以及化学炮弹和核炮弹等。

▲ 榴弹炮

★★ 火炮界"元老"

在火炮家族中，榴弹炮是出世最早、寿命最长的火炮。早在 15 世纪，榴弹炮便已问世，并且在战场上大显身手。这种炮最早由荷兰人研制成功，它具有射程远和精确度高的优点，又因为机动性好，因而一经问世便成为欧洲各国军队的宠儿。经过几个世纪的征战，榴弹炮的威风仍不减当年，而且越战越勇，已成为现在战争中陆军不可缺少的活力装备。

★★ 早期历史

榴弹炮最初主要用来发射榴弹等弹丸，而榴弹是由形状很像石榴一样的榴霰弹发展而来的。早期的榴霰弹其实就是内部装有石块的石霰弹，后来石霰弹逐渐被榴霰弹取代。榴霰弹提高了榴弹炮的杀伤力，而且杀伤面积更大，因而受到军队的欢迎。随着战争规模的扩大，人们希望火炮的射程更远一些，精度更准确一些。于是，榴霰弹就变成了长圆柱形箭头榴弹。虽然榴弹已经失去榴霰弹的外形特征，但人们也已习惯了"榴弹"的名称，所以称它为榴弹。

▶ 现代榴弹炮堪称是战场上攻防兼备的多面手

▲ 榴弹炮身管短,弹道弯曲,适于对水平目标进行射击

▶ 牵引榴弹炮

榴弹炮和加农炮的区别

早期火炮,并无榴弹炮、加农炮的分别,都是发射球形的实心弹。16世纪中期,英国人发明了一种装有许多金属子弹的炮弹,这种炮弹落地后发生爆炸,弹子、弹片四处飞散,俗称开花弹或爆炸弹。又因为它像石榴一样多籽,便得了个"榴弹"的称号。当时,发射榴弹的火炮身管较短,被叫作榴弹炮;而那些身管较长仍发射实心弹的火炮,被叫作加农炮。加农炮弹道低,适宜打击平时暴露在地面上的目标,担负对地面前沿和大纵深目标的火力突击;榴弹炮弹道比较弯曲,适宜打击遮蔽物后面的目标。

见微知著　　　　　　　榴弹

榴弹作为炮弹中的"元老",也叫"开花弹",这个别名形象地描述了榴弹爆炸时的样子。通常,榴弹是利用弹丸爆炸后产生的破片和冲击波来进行杀伤或爆破的。随着科技的不断发展,榴弹家族又有了一些新的成员,比如杀伤弹、爆破弹和杀伤爆破弹等。

加农榴弹炮

加农榴弹炮兼有加农炮和榴弹炮的性能,当用大号装药和小射角射击时,它的弹道低平,与加农炮相似,可用于射击地面活动目标;用小号装药和大射角射击时,其弹道弯曲接近榴弹炮性能,可完成榴弹炮的射击任务。由于这种炮具有上述好处,再加上它射速高,威力大,机动性强,所以现在各国都在积极研制发展加榴炮。

▶ 加农榴弹炮

自行榴弹炮

自行榴弹炮是指炮身同车辆底盘构成一体、靠自身动力运行的榴弹炮。它越野性能好，进出阵地快，多数有装甲防护，战场作战力强，便于和装甲兵、摩托化步兵协同作战。自行榴弹炮出现于一战期间，而在二战时得到迅速发展。二战后，一些国家将自行榴弹炮列为发展重点，使其成为现代炮兵发展的一大方向。

▲ 美国 M7 牧师式自行火炮

★★★ "牧师"的诞生

1941 年的 6 月，美国开始将 105 毫米野战榴弹炮安装到 M3 中型坦克上，希望制成一种自行火炮。他们将制成的样车称为 T32 式 105 毫米榴弹炮运载车。经过试验，设计者发现这种自行火炮的性能很好，但缺乏高射武器。于是，他们在车顶部的右上角安装了一个环形枪架，用以安装12.7 毫米高射机枪。当它进入英军服役时，英国人给了它"牧师"的称号。这是因为它的机枪手位置仿佛一个讲道台，于是"牧师"便成为该炮的名称。

★★★ 主要分类

自行榴弹炮分为履带式和车载式。履带式有着鲜明的特点和优越性，但其战略机动性较差，对后勤保障要求高，这降低了它的使用方便性。在此背景下，各种独具特色的轮式自行榴弹炮应运而生，成为火炮发展中一道亮丽的风景线。与履带式不同，车载式榴弹炮是一种成本比较低廉的自行炮，它与卡车底盘有机结合，通过巧妙设计而成。车载式具有较强的战术机动性、快速反应能力，与履带式自行榴弹炮相比还具有列装成本低和操作、维修方便等优点。

▶ AS90 履带式自行榴弹炮

★ 车载式自行榴弹炮的新成员 ▶▶

在世界先进的 155 毫米车载式自行榴弹炮中,比较典型的有法国"恺撒"、南非 T5-52、以色列 ATMOS-2000 和瑞典 FH-77BD 这 4 种型号。而中国自主设计的 PLZ-45 自行榴弹炮则代表了中国 20 世纪 80 年代末期在火炮流域的最高水平。在外销订购中,凭借优越的性能、射程和可靠度,该型号榴弹炮曾经击败美国的榴弹炮,赢得众多出口订单。

◀ 南非的 G6 式 155 毫米自行榴弹炮是世界上最重的轮式自行火炮

寻根问底

自行火炮和坦克有什么区别?

自行火炮是利用本身动力进行机动的火炮,有轮式和履带式两种。坦克是一种全履带装甲战车,通常装有一门火炮和多门自动武器,具有优良的越野机动性、坚固的装甲防护、强火力和强大的突击能力,有的带有穿甲弹。

▶ 韩国 K9 自行榴弹炮

★ 韩国 K9 自行榴弹炮 ▶▶

K9 自行榴弹炮是 20 世纪末韩国自主研发的一款新型自行榴弹炮,具有高发射速度、远射程、射击精度高及高机动性等优势。该炮的炮塔和车体为钢装甲全焊接结构,最大装甲厚度为 19 毫米,可防中口径轻武器火力和 155 毫米榴弹破片。该炮装有 21 发底火自动装填装置,可自动输送、插入和抽出底火。自动装填系统可从炮塔尾舱的弹丸架上取出弹丸,然后放入输弹槽,以备输弹。其最大发射速度为 6~8 发/分(3 分钟内),爆发射速为 3 发/15 秒,持续射速为 2~3 发/分(1 小时内),性能优越。

★ 国防科技知识大百科

PZH2000 自行榴弹炮

在二战中，德国是自行火炮型号最多的国家，众多型号的自行火炮也都表现出众，威风一时。比如以"黑豹"坦克底盘为基础研制出的"猎豹"坦克歼击车，是当时德军最好的自行火炮。而在战后，德国军工业雄风犹存，比如在 20 世纪末德国设计制造的 PZH2000 型 155 毫米自行榴弹炮即是当今世界一款十分先进的火炮。

★★★ 结构简介 ▶▶

1996 年初，德国开始正式采用 155 毫米自行装甲榴弹炮 PZH2000。首先，该炮的最大特点是机动性好，它最大时速为 30~60 千米/时，最大行程可达 420 千米，具有极好的越野能力，能协同坦克等机械化部队高速机动，可执行防空、反坦克和远、中、近程对地目标的攻击任务；其次，火力强大，只需数辆火炮集结便能迅速形成防空、反坦克和对地攻击的合理有效的火力配备系统；再次，防护能力强，该炮车体装甲厚度达 10~50 毫米，并能安装大口径的火炮，构成高度机动、火力强大而自身保护能力较强的一种大炮。

寻根问底

PZH2000 自行榴弹炮的发射速度有多快？

该炮在不超过 10 秒内可发射 3 发炮弹，在 59.74 秒内发射 12 发弹药，在 1 分 47 秒内发射 20 发弹药或每分钟 8 发连续射击，在 12 分钟内就能使用两名操作人员装载 60 发炮弹，包括弹药数据的对照。

▲ PZH2000 的弹药储备量大，可通过自带补弹系统快速补充弹药

★★ 独占鳌头

基于德国二战时在自行火炮研制所取得的成就，155毫米PZH2000火炮在性能、威力、机动性、自动化程度、技术水准等方面都位居世界领先地位。它一举赢得数项世界之最：世界上第一种投入现役的52倍口径155毫米自行榴弹炮；世界上第一种投入现役的符合北约第二份弹道谅解备忘录（即52倍口径身管长度，2.3升药室容积）的自行榴弹炮；世界上最重的52倍口径155毫米自行榴弹炮，同时具有出色的机动性；世界上第一种能改装在舰艇上的火炮；还可能是世界上现役性能最先进的自行火炮。

◀ PZH2000以射程远、弹量大、射速高、机动性能好和防护能力强等优点，而成为目前世界上外销势头最好的自行榴弹炮

★★ 性能先进

PZH2000的车体采用了与坦克相同的防弹钢板全焊接结构，并在炮塔上面新增加了由厚度为20厘米左右的几十个装甲钢板组成的装甲组合板，以保护炮塔内的乘员和弹药舱免受炮弹和反坦克导弹的攻击。该炮的自动装填装置使用电动系统，可以自动装填炮弹。其弹药舱内装有60发炮弹，自动装填装置的弹匣中装有32发供随时发射的炮弹，可发射杀伤爆破弹、照明弹、燃烧弹、烟幕弹、子母弹、特种弹及战术核炮弹等。此外，该火炮还装有主战坦克级别的战斗瞄准系统，能够满足夜间作战的需要。

▲ PZH2000榴弹炮

★★ 防御装置

PZH2000自行榴弹炮最高时速为60千米，最大行程可达420千米，具备了主战坦克的机动性能。其车身不仅可以抵御榴弹破片和14.5毫米的穿甲弹，还可以加装反应装甲，有效地防御攻顶弹药。炮塔前后方设有16具全覆盖烟幕弹发射器，发射的烟幕弹除了可以遮蔽日光外，也能阻挡激光与红外线等。此外，该炮的155毫米炮弹的重量（质量）为45千克，初速达900米/秒，使用这种炮弹，只需一发命中，就能将M1A1坦克摧毁。

PZH2000榴弹炮

榴弹炮"六强"

榴弹炮从问世以后,就一直驰骋于战火硝烟之中,经过几个世纪的战场磨炼和改进,一批榴弹炮佼佼者脱颖而出。目前,牵引式大口径榴弹炮已形成"六强鼎立"的局面。这六位杰出代表中,其中五位分别来自新加坡、英国、法国、瑞典、意大利,一位由英、德、意三国联合研制。它们各有绝活,在战场上往往能独领风骚。

新加坡 FH88 式 155 毫米榴弹炮

FH88 式榴弹炮是新加坡研制的身管长为 39 倍口径的 155 毫米榴弹炮。该炮能利用液压弹射式送弹机装填弹药,射速高,并装有辅助推进装置。由于配备有火控计算机和电子瞄准系统等先进的射击系统,该炮具有现代火炮作战要求的所有本领。

法国新式 TRF1 式 155 毫米牵引榴弹炮

该炮的身管长是口径的 40 倍,长达 6 200 毫米,在榴弹炮行列中显得气度不凡。它身管前端装有双室炮口制退器,炮尾装有横楔式炮闩,身管后部四周分别装有驻退器、复进机和平衡机,后座装置为液体气动式。该炮配有自动装填机,可任意角度装填,并能使弹丸底部受力均匀,有利于稳定初速,提高射速。火炮射击时,两个跑轮离地由座盘支撑。

法国新式 TRF1 式 155 毫米牵引榴弹炮

英国 155 毫米超轻型野战榴弹炮

该炮是一款身管长为 39 倍口径 155 毫米牵引榴弹炮，主要供快速部署部队使用。该炮是现有 39 倍口径 155 毫米榴弹炮中最轻的，仅为同口径的榴弹炮重量的 1/2，因此具有极好的战略机动性，可用直升机吊用。

瑞典 FH-77B 式 155 毫米牵引式榴弹炮

该榴弹炮的一个重要特点是装配有液压弹丸起重机、液压输弹机等多种液压装置，以及电动机械击发机、辅助推进装置，因而大部分操作可由液压动力机械完成，自动化程度较高。这样使它具有很高的射速和较高的射击精度，而且操作方便省力。

▲ 瑞典 FH-77B 式 155 毫米榴弹炮

英、德、意 FH-70 式 155 毫米牵引式榴弹炮

FH-70 式牵引式榴弹炮是世界上装备最多的身管长为 39 倍口径 155 毫米榴弹炮。该炮的特点一是初速高、射程远，其最大射程为 24 千米；二是威力强、杀伤力大，可适用多种新式弹药和北约制式榴弹，发射核弹，攻击坦克装甲目标；三是机动性强，由于有辅助推进装置，可在短途以 16 千米/时的速度自行，并能用中型运输机空运。

▲ FH-70 式 155 毫米牵引式榴弹炮

寻根问底

榴弹炮可配用哪些弹药？

榴弹炮一般可配用燃烧弹、榴弹、杀伤子母弹、碎甲弹、制导弹、增程弹、照明弹、发烟弹、宣传弹等多种弹药。

加 农 炮

　　加农炮是一种身管较长、初速大、射程远、弹道低平，可以直瞄射击的野战炮。加农炮这个名称最早由拉丁文"canna"一词演变而来，英文称"canno"，译成中文叫"加农"，它的本义是"管子"。加农炮是火炮家族中资历较老的一种炮，早在14世纪就应用于战争；16世纪时，该炮已成为欧洲战场上的宠儿，并被欧洲人称为加农炮。

★ 射石炮 ▶▶

　　加农炮起源于14世纪，据传是由一位德国僧侣发明的。在加农炮被发明出来之后，种类繁多的重型加农炮开始出现，其中最重要的一种是称之为射石炮的巨型炮。这种炮身管较短，最早是用青铜或铁浇铸而成的，也有用紫铜和黄铜制造的，其口径达600多毫米。由于它发射的石弹重达135千克，因此必须使用大量的火药。由于火药常常塞满整个炮管，石弹则突出在炮管外，因此精确度极差，而且初速也极低。为提高炮的精确度，不得不将炮放到靠近城墙的地方，这样石弹才能轰击到目标。

▲ 停放在城墙边上的加农炮

★ 聚焦历史 ★

　　据《火炮发展史》记载，8世纪时出现了一种长炮管，并采用低伸、平直的弹道向目标射击，取得较好效果的火炮。由于这种炮身管较长，人们就称之为"canno"（中文音译为"加农"）。后来，凡是身管较长、弹道较低的火炮，人们都叫它加农炮。

★ 君士坦丁的陷落 ▶▶

　　15世纪中叶，欧洲开始用铁弹取代石弹，使炮弹的威力有所提高。其实黄铜或青铜等金属质地坚韧，不易爆裂，更适宜做炮弹，但由于价格昂贵，所以被铸铁所取代。在加农炮的弹丸由石弹换成铁弹后，它攻城的威力大增，一般的城墙在它面前简直不堪一击。1453年，新崛起的奥斯曼帝国正是凭借着改进后的加农炮，一举轰塌了君士坦丁堡屹立千年的城墙。君士坦丁堡的陷落，证明了火炮的惊人威力，也迫使当时大部分的防御工事要重新设计。

▶ 加农炮

身世曲折 ★★★

加农炮的身世有着与众不同的艰难曲折经历。加农炮的长筒身管随着战争的发展而不断增长。当时，为了提高火炮的初速射程，兵器工程师找到增长火炮身管就能使初速和射程问题解决的办法。然而，由于过分注重增长火炮身管而忽视了炮弹的研制，结果炸膛事件时有发生，炮毁人亡的事件也屡见不鲜。

不断改进 ★★★

17 世纪，伽利略的弹道抛物线理论和牛顿对空气阻力的研究，推动了火炮的发展。瑞典国王古斯塔夫二世在位期间，采取减轻火炮重量和使火炮标准化的方法，提高了火炮的机动性。1697 年，欧洲用装满火药的管子代替点火孔内的散装火药，简化了瞄准和装填过程。

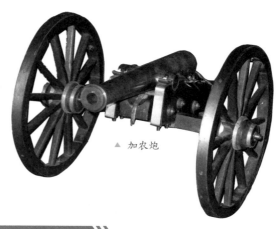

▲ 加农炮

加农炮的分类 ★★★

加农炮按口径分类：70 毫米以下的为小口径加农炮，76~130 毫米的为中口径加农炮，130毫米以上为大口径加农炮。按照运动方式可分为牵引式，自运式，自行式和装载到坦克、飞机、舰艇上的载运式 4 种。

◀ 20 世纪 60 年代以后，加农炮基本没研制出新型号，性能仍保持在 60 年代水平。同时榴弹炮的性能有了显著提高，能完成同口径加农炮的任务，因而有些国家已用榴弹炮代替加农炮

★国防科技知识大百科

"巴黎大炮"

在加农炮问世后，人们从它修长的身管上得到启示：火炮的身管越长，初速就越高，射程也就越远。于是，就有人设想把火炮的身管变得更长，就像长颈鹿一样，以便炮弹飞得更远，变成超远程炮。一战中，这种设想终于成为现实。这就是闻名世界的、被称为"巨人加农炮"的"巴黎大炮"。

▲ "巴黎大炮"

★★ 现实需要 ▶▶

1916年，一战在如火如荼地进行着，在德军空袭巴黎期间，一位德国军官提出用大炮轰击巴黎。但是，当时德国大炮的射程只有21千米，而德国战场距巴黎有120千米之遥。虽然这个提议有些不切实际，但是德国克虏伯兵工厂还是着手实施这项远程大炮的计划。经过一年多的紧张研制，1917年11月20日，这门巨炮进行了首次射击试验。令人吃惊的是，这门巨炮发出的炮弹竟然飞出126千米之远。这一结果令德军兴奋不已，他们立刻着手炮击巴黎。

★★ 炮击巴黎 ▶▶

1918年3月23日早晨，一声震天巨响响彻塞纳河畔，惊恐不安的巴黎市民四散奔逃。之后，炮声在巴黎城中不停响起，并一直持续到下午。当天黄昏，法国电台播发了一条德军从德法边界攻击巴黎的消息。人们质疑这个消息，因为这距离太远，炮弹根本无法射

▲ 被"巴黎大炮"击中的巴黎圣热尔瓦大教堂

到。后来，法国的特工在德法边界发现了德国的远程大炮，并认定轰击巴黎的炮弹就是从这里发出的。当时，普通大炮的射程不过一二十千米，而这门巨炮竟能射出120千米。从此，这门巨炮因轰击巴黎而得名"巴黎大炮"。

★ 大炮真身 ▶▶▶

　　"巴黎大炮"在当时是名副其实的巨炮,它的口径并不大,约有210毫米,但炮身很长,有36米,相当于口径的126倍,竖立起来比十层楼房还高;其炮弹重120~126千克,最大射程131千米。总重量750吨。当时,为将这门巨炮运往前线,工程师将其拆卸开整整装了50节火车车厢。正是由于"巴黎大炮"的炮身特别长,所以射出的炮弹初速就很高,约为1 700米/秒。在射角为53°时,它能将炮弹发射至40千米的高空,从而攻击远距离的目标。

▲ "巴黎大炮"的模型

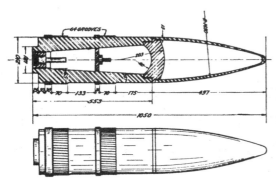

★聚焦历史★

　　从1918年3月23日至8月9日,在四个月间,德法边界上的3门"巴黎大炮"从不同位置向巴黎共发射了300多发炮弹,其中只有180发落在市区,其余的落在了郊外,造成200多人死亡、600多人受伤。

★ 美中不足 ▶▶▶

　　虽然"巴黎大炮"威力很大,但也有不足的地方。由于这门炮膛压非常高,其后坐力就特别大,因此要求炮架必须十分坚固。结果,整个火炮显得过于笨重。它总重750吨,仅炮管和炮架的重量就达200吨,整个火炮坐落在一个水泥基台上。这样一来,就导致运输和操作非常艰难。同时,由于膛压过大和初速过高,加上炮弹过重,因而炮管膛线磨损严重,大大降低了大炮的使用寿命。由于机动性差,而且炮管使用寿命很短,仅发射几十发炮弹就得用吊车卸下更换炮管,费时费力,精确度也不高。

▲ "巴黎大炮"的炮弹　　　　　　　　▲ "巴黎大炮"的炮架

世界最大的炮

一战后，法国对战败国德国依旧心怀警惕。于是在 1929 年，法国沿法德边界修筑了举世闻名的马奇诺防线。这条全长 390 千米的钢筋混凝土防线坚固异常，仅工事的顶盖与墙壁厚度就达 3.5 米，而装甲堡垒的厚度达 300 米，足以承受口径 420 毫米迫击炮的直接命中袭击。1935 年，德国陆军给克虏伯兵工厂下达了任务，研制口径达 700 毫米或 800 毫米甚至 1 000 毫米的巨炮，以便攻破马奇诺防线。

★★★ 再创奇迹 ▶▶▶

德国军工业巨头克虏伯兵工厂曾制成过闻名世界的"巴黎大炮"，也制成过口径达三四百毫米的大型舰炮，在火炮研制上有一定的经验和技术，但要制成口径上千毫米的大炮，却并非易事。1942 年，经过长达 8 年的研究实验，德国陆军渴望已久的巨炮终于研制成功。当时，为纪念古斯塔夫·克虏伯，就将这门大炮命名为"古斯塔夫·格拉特"。然而，这门口径 800 毫米的巨炮在装备军队以后却被炮兵们称作"多拉火炮"，这个名称一直流传至今。

见微知著　　马奇诺防线

马奇诺防线是法国从 1929 年开始，历时 10 年时间，在德法边界上修筑的一条全长 390 千米的钢筋混凝土防御工事。然而，1940 年，在该工事基本竣工后不久，德军就从该防线左翼迂回进入法国，从而使其丧失防御作用。

▼ "多拉火炮"模型

射击试射

1942年3月,"多拉火炮"进行了最后的射击试验,当时的纳粹头目希特勒在几位德军元帅的陪同下,专门来到靶场观看试射。首先进行射角为65°的试射,一枚重达7吨的混凝土破坏弹从炮管中飞出后,射程达26.09千米;在射角为45°时,"多拉火炮"发出重约4.8吨的榴弹,炮弹出膛后,划出一道弧线,落在了47.2千米的地方。在场的希特勒和几位德军元帅笑容满面,边点头边鼓掌,他们对这门横空出世的"多拉火炮"非常满意。

▶"多拉火炮"与人的比例

炮中巨人

与"巴黎大炮"相比,"多拉火炮"有过之而无不及。"多拉火炮"身管长32.48米,重400吨,整个火炮全长42.9米,高12米,总重达1329吨,如一艘停在陆地上的高大军舰。除炮身巨大外,"多拉火炮"发射的炮弹在当时也首屈一指。它有两种炮弹:榴弹,全弹重4.81吨,内装大量炸药,破坏力极大,射程达47千米;混凝土破坏弹,全重7.1吨,射程38千米,它的威力巨大,可以击穿3.4千米外厚0.85米的混凝土墙。因体型巨大,"多拉火炮"在拆卸后,全部部件和弹药需60节火车车厢才能装完。

▶"多拉火炮"的炮弹

实战应用

从1941年年底,德军就进攻波兰的塞瓦斯托波尔,但久攻不下。1942年5月,德军调集1 300多门大炮,并专门从国内调来"多拉火炮"。6月7日,德军向塞瓦斯托波尔市区7个重要目标发射了48枚炮弹。剧烈的爆炸似雷吼电闪,令整个市区都在震动。炮击结束后,塞瓦斯托波尔市区陷入一片火海,在其他大炮的轰击下,德军就此攻入塞瓦斯托波尔。在围攻期间,"多拉火炮"用13发炮弹分别摧毁了以坚固著称的斯大林堡垒和莫洛托夫堡垒。战斗结束后,"多拉火炮"被运回国内,由于种种原因,它再未重现战场。

★ 国防科技知识大百科

高 射 炮

高射炮主要用于攻击飞机、直升机等空中目标,常被人们誉为"防空卫士"。其实,高射炮也可以毁伤地面目标和水上目标,其特点是炮身长、初速大、射界大、射速快和射击精度高,而且多配有火控系统,能自动跟踪和瞄准目标。高射炮产生于 19 世纪 70 年代,随着火炮技术的发展与推动,其自身得到了不断的改进和提高。

▲ 气球炮

★★ 打气球的大炮 ▶▶

1870 年,普法战争爆发,普鲁士军队包围了法国的首都巴黎,切断其与外界的一切联系。面临如此困境,为突破重围,法国政府决定利用气球与外界取得联系。之后,法国政府通过热气球成功穿越德军的防线,在法国其他地区组织起新的作战部队,并通过气球不断与巴黎政府保持联系。为对付法国的气球,德军下令制造专门打气球的火炮。不久,这种炮就制造出来了。这种装在四轮车上的 37 毫米火炮,真打了不少气球,并由此得名"气球炮"。"气球炮"也就是后来高射炮的雏形。

★★ 第一门高射炮 ▶▶

到 20 世纪初,飞艇和飞机相继升上天空,人类的战争空间也开始发生转移。鉴于法国人曾用气球突破过德军的防线,德军预感到尚未配备任何武器的飞艇和飞机会是以后战争的巨大威胁。于是,德国就开始研究制造对付这些飞行工具的专门火炮。1906 年,德国一家军火厂根据飞艇与飞机的特点,对原来的"气球炮"进行改进,制成一门射击飞艇和飞机的 50 毫米火炮。这标志着世界上第一门高射炮正式问世。

▶ 早期的高射炮

Built To Fight the Zeppelins

★★ 改进中的高射炮 ▶▶▶

　　由于飞机的机动性比气球好，之前用人力推动四轮车的办法来对付飞机就显得难以奏效，因此，德国开始将火炮装在汽车上，并配上防护装甲。此时的防空火炮炮管长约 1.5 米，相当于口径的 30 倍，发射的榴弹初速可达 527 米/秒，最大射程为 4.2 千米。此后，德国的克虏伯兵工厂又将这种炮的口径提高到 65 毫米，炮管增加到 2.3 米，改进后的这种防空火炮初速可达 620 米/秒，最大射程达到 5.2 千米。火炮的高低射界和方向射界也随之扩大了。

▶ 近代高射炮

★ 聚焦历史 ★

　　1940 年 5 月，隆美尔指挥第 7 坦克师向敦刻尔克挺进，在途中遭到英军重型坦克的袭击。关键时刻，德军一个高炮连的 88 毫米高射炮压低炮口向英军开火，瞬间就击毁了英军 9 辆坦克，迫使英军后撤。

★★ 挑战与革新 ▶▶▶

　　100 多年来，高射炮虽然在与飞机的竞争中性能不断地改进和提高，但仍不断地遭遇挑战。在 20 世纪中后期，高射炮又遇到了新的强手——防空导弹的挑战，其发展也经历了曲折的变化过程。到 20 世纪 60 年代，由于小口径高射炮反应快，命中率高，能迅速对付低空、超低空飞机，起着防空导弹所不能取代的作用，因而小口径高射炮使高射炮重新崛起，并成为与防空导弹协同作战的有力的对空射击武器。

◀ 高射炮身管长、射击准确、射速高，它的炮身还可以 360° 旋转

★ 国防科技知识大百科

小口径高射炮的出现

　　道高一尺,魔高一丈。一战后期,在与飞机的竞争中,高射炮的性能得到不断的提高和发展,本领日益增强,成为防守云天的防空卫士。但随着战争的进展,一直处于不利地位的飞机开始通过改变战术来求得突破。作战飞机战术的突然改变,令高射炮猝不及防,难以招架。这时,一种小口径的高射炮应运而生,改变了高射炮阵地被动挨打的局面。

★ 应对新的挑战 ▶▶

　　一战后期,针对高射炮发射速度慢、机动性能差、难以应对低空攻击等弱点,各国作战飞机在作战中开始采用低空俯冲、机枪扫射等方式来袭击高射炮阵地。这种新战术的采用,使得高射火炮束手无策。当时,有些高炮手将低空攻击的飞机叫作"战壕上的幽灵",由此可见这种新战术的威慑力。面对低空攻击的飞机,德国研制出一种能连续发射且操作简便的小口径高射炮。小口径高射炮的采用,迅速改变了高射炮阵地不利的地位。

◀ 40mm 小口径高射炮

小口径高射炮的优势

德国研制的这种小口径高射炮,口径为20毫米,射程可达2000米,只要一名炮手躺在一个特制的圆形操作架上就能连续操作发射。发射时,炮手依靠双腿屈伸和双脚左右移动赋予火炮高低和方向射界。这种炮发射速度快,火力强,改变了以往高射炮发射速度慢的缺点,也为以后小高炮的研制和改造创造了有利条件。

▲ 20mm 小口径高射炮

小口径高射炮的发展

随着电子和计算机技术的发展,高射炮也大都装备了由电子设备和计算机组成的火控系统及其他先进的指挥与通信设备。20世纪70年代至80年代后期,由于高射炮的作战对象由高空飞机变成以低空、超低空飞机,直升机和地面轻装甲目标为主,因此其在结构和性能上有了明显的变化,除了采用多管联装以增大发射速度外,还着重发展小口径高射炮和自行火炮,并配用榴弹、穿甲弹等多种不同弹药,以及采用先进的火控系统。

寻根问底

高射炮怎样分类?

世界各国现役的高射炮,按照运动方式分为牵引式和自行式两类,按口径分为小口径、中口径和大口径高射炮。口径小于60毫米的为小口径高射炮,60~100毫米的为中口径高射炮,超过100毫米的为大口径高射炮。

◀ 虽然高射炮逐步被对空导弹取代,但各国仍然在装备和研制很多40毫米以下的高射炮系统,并配备了雷达或光电火控系统

未来发展趋势

随着新式作战飞机的不断涌现,目前,世界各国在重点发展小口径高射炮的同时,为有效对付武装力量日益增大的直升机,各国也开始重视起中口径高射炮的研制。例如,意大利制成的"奥托"76毫米自行高射炮,即是中口径高射炮重返战场的代表。而美国也开始将ARES-75速炮改装成M274式75毫米自行高射炮,以便对付俄罗斯的"雌鹿"直升机。此外,随着高射炮制导炮弹的出现和发展,各国也意识到一旦制导炮弹在高射炮上普遍采用,将使得高射炮威力大增。

★ 国防科技知识大百科

小口径高射炮的崛起

高射炮是因空中作战武器(早期是热气球、飞艇,后来是飞机)的出现而产生的。高射炮与飞机就像盾和矛一样,在不断的对抗和竞争中求得生存和发展。飞机身手不凡,在空中不断地施展各种高超本领与地上的高射炮周旋。然而,不管飞机的速度、高度和火力如何提高,高射炮都有相应的对策和办法。

★★ 遭遇射高瓶颈 ▶▶

从 20 世纪 50 年代开始,飞机的飞行速度和升高得到成倍增长。而此时,仅靠增加炮管长度和口径的办法来提高初速和射高的高射炮,已很难应对高空飞行的飞机。例如,美国的 B-52 轰炸机能升到 16 000 米以上,而同时期苏联装备的身管长度 8.4 米、口径 130 毫米高射炮,射高只有 13 700 米,而且很难再提高。在此情况下,防空导弹应运而生,成为陆军打飞机的重要武器。因此,这一时期,美、苏等西方大国开始停止研制高射炮,并将主要力量放在发展防空导弹上,高射炮逐渐被人冷落。

▲ 被高炮击中的 B-24

▶ "通古斯卡"高射炮弹、炮一体,兼具小口径高炮和防空导弹的优点。在炮塔两侧各装有 2 门 30 毫米机关炮

▲ "火神"M163 式 20 毫米自行高射炮

多管联装

小口径高射炮采用多管联装的结构，可以有效地提高发射速度，增强火力威力，有效弥补口径小的不足。因此，目前各国现装备的小口径高射炮大都采用多管联装结构，而且以双管联装最为普遍。当今世界多管联装结构的小口径火炮有法国的AM×30SA 式 30 毫米自行高射炮、德国的"猎豹"35 毫米自行高射炮、英国的"神枪手"式 35 毫米自行高射炮、日本的 87 式 35毫米自行高射炮和瑞典的 VEAK62 式 40毫米自行高射炮等，均为双管联装结构，而俄罗斯的 3CY－23－4 式 23 毫米等都是四管联装结构。

性能全面提高

目前，世界各国小口径高射炮的战斗性能已得到全面提升。其主要表现在以下几个方面：通过加长炮管、选用新弹药和增加装药量提高初速，从而使射高增大，炮弹飞行时间缩短和命中率提高；采用多管联装、改进自动机工作原理和供弹方式等措施，提高发射速度，增大火炮威力；普遍采用液压传动和自动操作，提高火炮跟踪目标的能力和瞄准速度；使用新型火控系统，提高火炮的自动化程度等。

▲ M163 高射炮采用六管式结构

焕发新的生机

事实上，高射炮在现代防空作战中依然有其独特优势，小口径高射炮是对付现代低空和超低空飞机的有力武器。20 世纪 60 年代以来，作战飞机多采用低空巡航和低空攻击来躲避防空雷达的探测，由于防空导弹在低空段的控制性较差，因而常常不仅不能消灭对方，反而被对方消灭。而小口径高射炮反应快，命中率高，可以多管、多门集中射击，能迅速击毁低空进犯的敌机，还可以有效地保护防空导弹阵地。正是基于这些原因，各国军方又开始对小口径高射炮重视起来，并大力进行研究和改进。

见微知著　　**88 毫米高射炮**

88 毫米高射炮是德国克虏伯公司秘密建造的一种高射炮，于 1933 年开始服役。该炮炮管分为两部分，因此，如果一个炮管坏了可用另一个替换，这就节省了材料和人工。在 1937 年，该炮被用于反坦克作战。

★ 国防科技知识大百科

武装直升机的克星

20世纪70年代以后，武装直升机得到迅速发展，并逐渐成为低空域的重要威胁。尤其是反坦克直升机的出现，使现代低空机动防空武器尤其是防空高射炮面临全新的挑战。在此形式下，世界各国都在积极研制反武装直升机的防空武器。除发展防空导弹和弹、炮合一的防空体系外，各国也开始着重改进和研制新型的反武装直升机的高射炮。

"坦克杀手"——武装直升机

进入20世纪70年代之后，武装直升机特别是反坦克武装直升机已成了"空中霸主"。因其能在距地面50~100米的高度攻击目标，视野范围大，攻击距离大（可达5~6千米），而本身则不受对方威胁，因此在作战中很有优势。1991年的海湾战争中，多国部队投入武装直升机达1700多架，约占作战飞机总数的一半，主要用来对付地面坦克。其中，美军投入AH-64A式武装直升机300多架，在作战中共发射"海尔法"反坦克导弹2900多枚，击毁伊军坦克和装甲车数百辆，战果辉煌。

◀ AH-64A "阿帕奇"

更新换代

对付武装直升机最有效的武器就是高射炮，但由于当时各国已将中口径高射炮淘汰，而有效射程为4000米的小口径自行高射炮，因射程有限，只能对付近程的武装直升机。因此，有的国家直接将对武装直升机束手无策的某些小型高射炮退役，有的国家则开始暗中改进和研制中口径高射炮。这其中，以意大利的奥托76/72式76毫米自行高射炮比较著名，该炮即是一种专门用于对付反坦克直升机的中口径高射炮。

★★★ 奥托 76 毫米自行高射炮 ▶▶

　　意大利的奥托 76 毫米自行高射炮配有先进的火控系统。这种火控系统包括搜索雷达、跟踪雷达、敌我识别器、导航设备和电子计算机等。其中,搜索雷达的有效作用距离可达 15 千米,而跟踪雷达在无雨的晴朗天气里,对直升机的跟踪距离可达 14 千米,对导弹的跟踪距离为 10 千米。因此可以说,只要武装直升机被它发现就在劫难逃。此外,该炮还采用主战坦克的底盘,其速度可达 60 千米/时,最大行程达 500 千米,能伴随坦克与机械化部队作战,可谓坦克与装甲车的保护神。

📖 见微知著　　　激光制导

　　激光制导是利用激光获得制导信息或传输制导命令,使导弹(炮弹)按一定飞行规律飞向目标的制导方法。激光接收器置于导弹上,导弹发射时激光器对着目标指示照射,发射后的导弹就在激光波束内飞行,即使发生偏差,也能及时修正。

★★★ 未来趋势和新型高射炮 ▶▶

　　在现代战争中,高射炮担负着对低空和超低空飞机、直升机的作战任务。为适应现代化作战的需要,高射炮开始向着中小口径、高射速、高初速方向发展。此外,人们还在大力研制新弹种和提高火炮的射击指挥系统的自动化程度,以提高射击命中精度和进一步发挥火炮特点。一些新型高射炮也逐渐崭露头角。例如,从火箭炮移植而来的多管火箭式高射炮,还有能自动填装的链式高射炮,以及锥膛高射炮。此外,一些国家也将激光制导用于高射炮上,产生出激光制导高射炮弹。

▶ "通古斯卡"整个系统由高射炮、低空导弹、雷达系统组成。搜索、跟踪、光学瞄具、导弹和火炮同车装载,火力反应快,可单车独立作战

★ 国防科技知识大百科

无后坐力炮

无后坐力炮就是发射时炮身不后坐的火炮。它是一种结构简单、重量轻、便于机动的反坦克武器，主要用来打击装甲目标，压制、歼灭有生力量和火器。二战期间和 20 世纪 50 年代，各国军队大量装备无后坐力炮，是当时主要的反坦克武器之一。进入 20 世纪 70 年代以后，由于装甲技术的发展和反坦克导弹的装备，无后坐力炮的地位和作用日渐衰落。

★★ 外型小，威力大 ▶▶

无后坐炮的结构独特，其炮尾有喷孔，发射时炮身的后坐力被向后喷出的火药气体的反作用力抵消，因而不会产生后坐力。无后坐力炮按口径和重量可分为轻型和重型两种。轻型无后坐力炮重约几十千克，射程200~300 米，破甲厚度为 200~300 毫米；重型无后坐力炮重 200~300 千克，射程 500 米左右，破甲厚度约 300~400毫米。轻型无后坐力炮只有单管形式，可人背、马驮或用车牵引，较为灵活；而重型无后坐力炮有单管、双管和多管形式，采用牵引和自行两种机动方式。

▲ 无后坐力炮

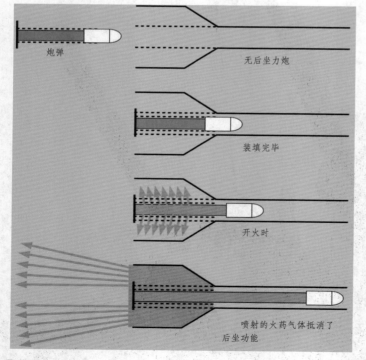

炮弹

无后坐力炮

装填完毕

开火时

喷射的火药气体抵消了
后坐功能

★★ 发射原理 ▶▶

虽然无后坐力炮的装填方式与传统火炮非常类似，但是在开火时，无后坐力炮发射火药产生的气体中有相当一部分从火炮的后方溢出，从而产生一个接近于推动弹丸前进动量的反向动量。这就使得火炮本身几乎不产生后坐力（实际上，在发射时仍旧产生一定的后坐力）。这样就使得无后坐力炮不需要常规火炮所需的后坐缓冲装置，使无后坐力炮变得很轻便且易于使用。因此，步兵也可以使用无后坐力炮发射大口径的炮弹。

◀ 无后坐力炮发射原理说明图

★ "戴维斯炮"

1914年，世界上第一门能够消除后坐现象的火炮是由美国海军少校戴维斯研制的。戴维斯把两颗弹尾相对的弹丸放在一根两端开口的炮管内发射。射击时，向前射出的是真弹

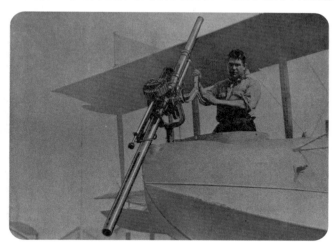

头，另一颗向后抛的是假弹丸——铅油质的配重体，使其作用力相互抵消，从而使炮射不发生后坐。抛射出的配重体散落在炮尾后不远的地方，射手避开了这个危险区就不会受伤害。戴维斯发明的世界上第一门无后坐力炮被称为"戴维斯炮"。

◀ "戴维斯炮"

★ 风光不再

无后坐力炮主要用于反坦克和打击装甲武器。在反坦克方面，无后坐炮既能发射破甲弹和碎甲弹，也能发射增程火箭弹。因此，无后坐力炮在对付装甲目标上，其作战能力和精度优于目前各国大量装备使用的反坦克火箭筒。但与反坦克炮和反坦克导弹相比，无后坐力炮在炮弹威力、射程和精度等方面都略逊一筹。不过，无后坐力炮凭借其结构简单、操作方便等优势弥补了这些不足。20世纪70年代以后，反坦克导弹和单兵火箭的发展，已大部分取代了无后坐力炮的地位。

★聚焦历史★

1879年，法国人研制成了一种利用火药气体后坐力使炮身复位的反后坐装置，从而提高了火炮的发射速度和射击精度。但它使火炮的结构更加复杂，并且增加了火炮的重量，使火炮的机动性也大大降低。

▲ M2CG卡尔·古斯塔夫无后坐力炮在发射

★国防科技知识大百科

坦克炮

坦克上所装的火炮，是坦克用来自卫和攻击的主要武器，也是坦克称霸地面战场的威力象征。坦克在问世时，其火力装备中就配有火炮和机枪。凭借这些武器，坦克在战场上横行无忌，首次参战就取得了胜利。起初，坦克上的火炮是由舰炮改装而成的，口径不大；后来，随着战争规模的扩大，坦克炮的口径也在扩大。

★ 坦克炮的构造 ▶▶

坦克炮一般由炮身、炮闩、摇架、反后坐装置、高低机、方向机、发射装置、防危板和平衡机组成。炮身在火药的作用下，赋予炮弹初速和方向。炮口或靠近炮口部位（加粗部分）的抽气装置是坦克炮所特有的。当弹丸飞离炮口时，膛内压力迅速下降，抽气装置利用火药气体本身的引射作用把自身原有的火药气体从喷嘴排出，使喷嘴后的膛内形成低压区，从而可将炮膛内残存的火药气体排到膛外，以免废气进入战斗室，影响乘员战斗力。

▲ 坦克炮是现代坦克的主要武器

★ 早期的坦克炮 ▶▶

1916 年，英国制造的"大威廉"坦克首次出现在战场上，它装备的是两门 57 毫米火炮和 4 挺机枪。实际上，这两门 57 毫米的火炮是由舰炮改装而成的。当时，坦克上的火炮主要用来杀伤步兵和摧毁敌人工事等。后来，随着战争的不断扩大，坦克炮的口径也在不断扩大，到一战后期，法国制造的"圣沙蒙"坦克已装备了口径 75 毫米的火炮。到 20 世纪 30 年代后期，苏联制成一门装有 76 毫米加农炮的 KB 坦克；同年 12 月，苏军又装备了著名的 T−34 坦克，其火炮也是一门 76 毫米的加农炮。

▶ T-34 坦克开始
改装 85mm 火炮

★★★ 二战中的坦克炮 ▶▶▶

二战期间，苏联的 KB 坦克炮和 T-34 坦克炮都立下汗马功劳，并得到不断改进。1943年12月，苏联研制成功 IS-2 新式重型坦克，该坦克装备了口径为 122 毫米的坦克炮，使其成为二战中威力最大的坦克。此时，英、美两国也大力改进自己的坦克装备。英国的"克伦威尔"和"彗星"等坦克的火炮口径为 75 毫米和 77 毫米的长身管炮；而美国的 M-26 重型坦克口径达 90 毫米，其威力与德国的"豹"式和"虎"式坦克（其火炮口径为 88毫米）不相上下。

★★★ 战后的坦克炮 ▶▶▶

二战后期，德国首先使用了不依靠动能的聚能破甲弹。到 20 世纪 60 年代，又出现了击穿装甲的新型弹药——碎甲弹，而穿甲弹也不断更新，出现了脱壳穿甲弹，穿透力更加强大。此时，坦克炮发射的打坦克的"三弹"——穿甲弹、破甲弹和碎甲弹，都已经上阵参战，大大增强了坦克炮的威力。20 世纪 70 年代以后，坦克炮的口径多为 120 毫米，身管大都装有热保护套，有的还使用了自动装弹机、双向稳定器和先进的火控系统，并配用了尾翼稳定脱壳穿甲弹，从而使坦克成为对付装甲目标的主要武器。

寻根问底

现代坦克炮的威力有多大？

现代坦克炮的威力巨大，能远距离穿甲。比如，苏联 T-72 坦克 125 毫米火炮发射初速 1 650 米/秒的长式动能弹时，可以在 2 000 米距离上击穿透将近 34 厘米厚的钢板。

▼ 现代坦克炮是一种高初速、长身管的加农炮。它的主要性能参数有口径、穿甲弹的初速、全装药杀伤爆破榴弹和减装药杀伤爆破榴弹的初速、破甲弹的初速、发射速度、高低射界、方向射界、炮弹重量和弹药基数等

"沙漠风暴"中的坦克炮

1991 年的海湾战争曾吸引了全世界的目光,在这场美国主导的现代化战争中,大量高新技术武器首次被投入实战。在陆战的"沙漠风暴"行动中,美军出动了各种性能先进的坦克和装甲车,给伊拉克军队以沉重打击。在这场战争中,美军装备的 M1A1 坦克更是所向披靡,大出风头,显示出强大的攻击威力。

★ M1A1 的研制背景 ▶▶

从苏联的 T-62 坦克开始,115 毫米的主炮口径已经超过同时期西方最普遍的 105 毫米坦克炮。而自 20 世纪 70 年代开始,苏联出现的 T-64、T-72 更是率先配备 125 毫米的滑膛炮,其口径堪称全球之冠。在 1982 年的第五次中东战争中,叙利亚使用的 T-72 坦克的复合装甲能有效防护以色列陆军 105 毫米坦克炮的多次打击,这让西方的 105 毫米坦克炮在面对苏联现代化坦克的挑战时显得力不从心。第五次中东战争之后,美国决定对美军的坦克炮进行升级,最主要的一项是将坦克炮的口径升级为 120 毫米。

▼ 海湾战争中的 M1A1

★ M1A1 坦克的火控系统 ▶▶

美国的 M1A1 坦克目前仍是美国陆军的主战坦克,其火炮的控制系统装有先进的弹道计算器、激光测距仪、双向稳定器、热成像仪等,使它如虎添翼,威力无比。其反应时间为 6.2 秒,夜视设备性能优异,无论何种气象条件,有效观察距离都能在 1 000 米以上,最大夜视距离为 2 000 米,即使其在风沙、雨水、油井大火形成的浓烈烟雾中依旧可以勇往直前。这使其在目标搜索、火控、火力威慑等方面都超过了伊拉克参战的坦克炮。

★★ M1A1 坦克的火炮 ▶▶

　　M1A1 坦克炮的热成像系统无论在远距离(约 2 600 米)或烟雾中都能探测伊军坦克,因而可以先发制敌。M1A1 坦克炮能在 2 000~3 600 米的距离上准确地击毁静止的目标,而当时伊军采用的是将坦克埋在沙中的防守战术,这样一来,隐蔽的伊军坦克就成了美军的靶子。对于静止的伊军坦克,M1A1 坦克炮只需一发炮弹就能将其击毁。此外,M1A1 坦克炮还能在时速 15~25 千米的行进中进行稳定精确的射击,这使得伊军坦克毫无还手之力,只能坐以待毙。

寻根问底

M1A1 坦克的主炮载弹量是多少?

　　M1A1 坦克炮的口径为 120 毫米,因而炮弹的体积较大,装弹量只有 40 发,其中有 34 发储存于炮塔尾端的主弹舱内,6 发储存于车身的弹舱里。虽然载弹量并不是很多,但它发射的 M829A1 贫铀穿甲弹,足以把敌军坦克炸成烂泥。

▲ M1A1 坦克的火炮

★★ 威力大的滑膛炮 ▶▶

　　M1A1 坦克炮的口径为 120 毫米,是一门威力较大的滑膛炮,其配用的尾翼稳定脱壳穿甲弹很容易穿透伊军的坦克装甲。伊军使用的苏联 T-72 坦克号称"穿不透",但在受到 M1A1 坦克炮所发的贫铀弹芯的脱壳穿甲弹炮击后,简直不堪一击,直接就被击穿。在一次袭击中,T-72 坦克的炮塔竟像揭锅盖一样连炮管一齐被掀起。当时 M1A1 坦克发射的脱壳穿甲弹在摧毁沙墙后,接着击穿伊军坦克的前部装甲,打飞炮塔,最后又从发动机室穿到车尾。

M1A1 坦克的 120 毫米坦克炮在 2 000~3 600 米距离内可首发命中目标

★ 国防科技知识大百科

反坦克炮

　　反坦克炮是随着坦克的出现而出现的一种弹道低平,主要用于毁伤坦克和其他装甲目标的火炮。反坦克炮采用脱壳穿甲弹和空心装药穿甲弹时,穿甲厚度达300毫米,破甲厚度可达500毫米。在反坦克炮中,自行反坦克炮具有与主战坦克同等的火力和良好的机动性,可为机动和快速反应部队提供强有力的反坦克火力。

★ 反坦克炮的分类 ▶▶

　　反坦克炮初速高、直射距离远、射速快、射角范围小、火线高度低,是重要的地面反坦克武器。反坦克炮按其内膛结构划分,有线膛炮和滑膛炮两大类,其中滑膛炮发射尾翼稳定脱壳穿甲弹和破甲弹。按运动方式划分,有自行式和牵引式反坦克炮两种:自行式除传统的采用履带式底盘以外,目前研制中的大多考虑采用轮式底盘,以减轻重量,便于战略机动和装备轻型或快速反应部队;牵引式反坦克炮有的还配有辅助推进装置,便于进入和撤出阵地。

▲ 法国 AMX10RC 轮式自行反坦克炮

★ 反坦克炮的出现 ▶▶

　　最早的反坦克炮出现在一战中。当时,参战各国军队都没有专门的反坦克炮,多用步兵野炮临时充当反坦克炮来对坦克进行直接射击。随后,各国纷纷研究自己的坦克和反坦克武器。不久,法国就制造出了世界上第一种反坦克炮,当时命名为"乐天号"。"乐天号"反坦克炮可归于加农炮家族。它的特点是炮管较长,炮膛压力较大,因而其实心的穿甲弹出炮口之后,动量很大,具有足够穿透坦克装甲的能力。

◀ 反坦克炮

★★★ 反坦克炮的发展 ▶▶▶

一战结束后,欧洲各国开始普遍装备坦克,与此同时,各国的反坦克炮也相继问世。最早的坦克装甲厚度仅有6~18毫米,到二战时,某些中型和重型坦克的装甲厚度已达70~100毫米。同时,反坦克炮的口径也从20毫米增加到57~100毫米。在反坦克炮口径增加的同时,反坦克炮炮弹的种类也不断增加。次口径钨芯超速穿甲弹、钝头穿甲弹、空心装药破甲弹等破甲能力更强的弹种相继问世,这使得反坦克炮的性能得到提升。

▲ 海湾战争中的反坦克炮

★★★ 没落之后东山再起 ▶▶▶

20世纪60年代,随着反坦克导弹的日渐走俏,反坦克炮的发展势头日趋放缓,在西方甚至一度处于停滞状态,一些原有装备也逐渐被淘汰。20世纪中期以来,由于复合装甲技术的飞快发展,反坦克炮又东山再起,其地位和作用也开始呈现上升趋势,其中轮式反坦克炮更是引人注目。进入20世纪70年代之后,自行反坦克炮和机动性、防护性较差的牵引式反坦克炮依然活跃于一些国家的陆军装备之中。特别是牵引式反坦克炮,已成为反坦克炮发展的新趋势。

寻根问底

一般穿甲弹的穿甲厚度是多少?

一战中,穿甲弹穿甲厚度为51毫米,到二战时穿甲厚度达到70~100毫米。20世纪70年代以后,穿甲弹采用半可燃药筒,弹芯由钨合金材料制成,其穿甲厚度为300~340毫米,破甲厚度可达500毫米。

▲ 反坦克炮的构造与火炮基本相同

★ 国防科技知识大百科

反坦克的"三利剑"

　　坦克炮和反坦克炮主要都是用来对付坦克和装甲车辆的,它们用来打击坦克和装甲车辆的炮弹叫作反坦克炮弹。反坦克炮弹家族成员众多,除了传统的榴弹弹药之外,还有许多新兄弟。但是,如果细分就会发现,它们实际上都分别属于穿甲弹、破甲弹和碎甲弹这三类。这三类炮弹在反坦克炮弹家族中可谓声名赫赫,被人们形象地称为打坦克的"三利剑"。

★★★ 早期的穿甲弹 ▶▶▶

　　穿甲弹是出世最早的一种反坦克炮弹,早在19世纪中期就出现了用滑膛炮发射的初始穿甲弹。不过,在当时,这种炮弹是用来攻击装甲战船的。在19世纪,战船上的装甲比较薄,而且装甲是用强度比较低的辗铁制成的,所以容易被穿甲弹穿透。19世纪末期,战船的装甲进一步增厚,并采用软钢制造。于是,带穿甲弹头的炮弹也相应地出现了。由于这种穿甲弹内填有炸药,比初期的实心弹有所改进,因而它的穿甲能力大大提高。它穿透装甲的厚度与炮弹的弹径相同。

★★★ 穿甲弹 ▶▶▶

　　穿甲弹按弹头部结构的不同,通常又将普通穿甲弹分为尖头穿甲弹、钝头穿甲弹和被帽穿甲弹。前两种穿甲弹主要用来对付均质装甲,而后一种由于在弹头上加有风帽和被帽,因而穿甲能力强,可用来对付表面经过硬化处理的非均质装甲。二战中,重型坦克的装甲厚度达到150~200毫米,为对付重型坦克,一种次口径超速穿甲弹出现了。后来,随着坦克装甲厚度的不断增大,相应地出现了穿甲能力更强的超速脱壳穿甲弹。

◀ 穿甲弹早在19世纪便已出现在战场上。当时,它主要用来对付装甲战船

破甲弹

破甲弹又称空心装药破甲弹，是以聚能装药爆炸后形成的金属射流穿透装甲的炸弹。它不靠动能，因而不需要高初速火炮发射。1936年，德军入侵西班牙，首次制成了对付坦克装甲的聚能破甲弹，即"空心装药破甲弹"。二战中，聚能破甲弹得到迅速发展，不仅品种增多，破甲能力也迅速提高。现代的聚能破甲弹可穿透300~600毫米厚的装甲。由于它的破甲性能与弹丸的动能大小无关，所以还被大量用于地雷、航空炸弹、手雷、鱼雷、火箭弹和导弹上。

▲ 被破甲弹射穿的 M113

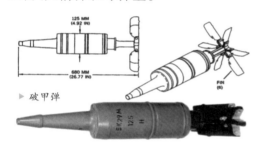

▶ 破甲弹

碎甲弹

碎甲弹出现于20世纪60年代，它是由当时英国使用的一种"特种混凝土爆破弹"改制而成的。这种炮弹既不是用动能穿甲，也不是用金属射流破甲，而是用"崩落效应"在装甲内表面撕下碎片来杀伤目标的。碎甲弹击中坦克后，就像膏药一样紧贴在装甲表面，并产生应力和高压，使装甲表面破裂掉落下如碟子一样的碎块，所以取名"碎甲弹"。由于其内部装有一种能堆积成一定形状的塑性炸药，因此也叫"胶体破甲弹"。

▶ 105毫米碎甲弹

见微知著　　子母弹

子母弹专门用来对付坦克的顶装甲。一个子母弹中装有很多子弹（几十到几百个），每个子弹都是一个小破甲弹，可以穿透坦克的顶装甲。当火炮将子母弹发射到坦克群的上空后，母弹打开，将子弹抛出，当它碰到坦克装甲时就会立即引爆。

迫击炮

　　问世于20世纪初的迫击炮，一直是支援和伴随步兵作战的一种有效的火力武器。由于它火力猛烈，弹道比榴弹炮更弯曲，所以能对近距离暴露的或隐蔽在山丘等障碍物后的敌方人员和装备造成有效的杀伤和火力打击，并能摧毁敌方轻型工事和桥梁等建筑物。凭借结构简单、重量轻、使用方便等优点，迫击炮在历次战争中都发挥了不可替代的作用。

得名原因

　　迫击炮是一种小个头的轻型火炮，它在使用时灵活轻便，适于伴随步兵进行隐蔽活动。为什么给迫击炮取了这样一个名字？据说有两方面的原因：一是它操作方便，弹道弯曲，可迫近目标进行射击，几乎不存在射击死角，如它既能从河流一边射向另一边，也能在大楼前射击楼后的目标；二是迫击炮炮弹从炮口填装后，依靠自身重量下滑而强迫发射，使炮弹发射出去。关于迫击炮得名的说法已无从考证，但迫击炮的名字却形象地概括出它的作用特点和性能，因而一直被沿用下来。

◀ M120 120毫米重型迫击炮

迫击炮的特点

　　迫击炮具有以下特点：一是射角大，其射角一般为45°~85°，弹道弯曲，初速低，最小射程近，对无防护目标能有效杀伤，适用于对遮蔽物后的目标和反斜面上的目标射击；二是可以配备多种炮弹，主要配用杀伤爆破弹，用于歼灭、压制敌有生力量和技术兵器，破坏铁丝网等障碍物，还可配用烟幕弹和照明弹等特种炮弹；三是体积小，重量轻，结构简单，操作方便，射击时，身管后坐力通过座钣由地面吸收。行军时身管、座钣可分解，所以便于携带。

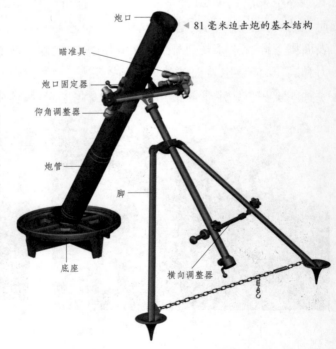

◀ 81毫米迫击炮的基本结构

炮口
瞄准具
炮口固定器
仰角调整器
炮管
脚
底座
横向调整器

◀ 人工从炮口处填装弹药

填弹方式

迫击炮的填弹方式可分为前装迫击炮和后装迫击炮。一般迫击炮由炮口填装炮弹,炮管为无膛线的滑膛管,发射尾翼稳定的水滴状炮弹。通常,采用改变发射药量的办法来改变射击区域,而通过改变高低射角的办法改变射程。不过,一些口径在100毫米以上的重型迫击炮,与普通的榴弹炮一样,也是由炮尾装填炮弹,而且炮管内有膛线,并装有反后坐装置。

迫击炮的分类

一般将口径60毫米以下的迫击炮称为小口径迫击炮或轻型迫击炮,而将口径60~100毫米的迫击炮称为中口径或中型迫击炮。轻型迫击炮的重量一般在20千克以下,最大射程500~2 600米,装备在连、排或步兵班;中型迫击炮重34~68千克,最大射程3 000~6 000米,装备在营、连一级;重型迫击炮重94千克,最大射程达到5 600~8 000米,装备在营、团一级,也有装备在旅、师级的。另外,迫击炮按照运行方式,可分为便携式、牵引式和自行式三种。

◀ 迫击炮结构简单,重量较轻,方便运输

寻根问底

世界上最大的迫击炮有多大?

二战是迫击炮大出风头的时候,世界上最大的迫击炮也诞生于此时。二战末期,美国制造的"小大卫"迫击炮,其炮筒重约65吨,口径974毫米,它所发射的弹头重约1.7吨。

迫击炮的诞生

世界上第一门迫击炮诞生于20世纪初的日俄战争。当时的日军为夺取要塞，采用挖壕筑垒的办法逼近俄军占领的旅顺口。面对这样近的目标，俄军的一般火炮难以奏效，而机枪等轻武器又威力不足。无可奈何之下，俄军试着将一门海军炮装在有轮的炮架上，以大仰角发射一种蘑菇型的大头弹，结果重伤日军，迫击炮也由此诞生。

★★★ 取代臼炮 》

一战时，参战国大都采用了堑壕战，因此参战双方的阵地和工事有时相距很近，人员也都隐蔽在战壕内。在此情况下，急需一种近距离的火炮，来打破谁也不敢贸然进攻的局面。于是，在俄国人组装的"应急炮"基础上研制成的专用迫击炮在作战中得到应用。迫击炮与臼炮有一定的"血缘关系"。它们在结构上相似，弹道也都弯曲。但臼炮口径大，机动性差，而迫击炮重量轻，火力大，便于使用，因而臼炮逐渐被迫击炮所取代。

▲ 臼炮

★★★ 早期迫击炮 》

早期迫击炮的炮弹依旧沿用之前那种大脑壳的超口径长尾弹。这种炮弹从炮口装填，但必须将尖锥形的弹体露在外面。由于这种炮弹在炮膛内受到火药气体压力作用的时间短，以及密闭气体的性能差，因而此时的迫击炮初速低，射击精度差，射程只有几百米。但是，它能在起伏不平的山地和没有道路的复杂地形条件下伴随步兵作战，并具有其他火炮所不具有的杀伤遮蔽目标的能力。因为具有以上优势，迫击炮开始受到各国军队重视，并得到不断的改进和发展。

早期的迫击炮

★★
★ 一战后的迫击炮 ▶▶▶

一战末期，迫击炮所配用的炮弹已由超口径弹改为同口径弹，炮身重量也大大减轻。1918年，英国制成的斯托克斯型81毫米迫击炮，它的外形已与现代迫击炮非常接近。此后，世界各国都以该炮为模型进行仿制和改进。法国在仿制中将该炮的炮身与炮架的刚性连接改为缓冲连接，提高了迫击炮的战斗性能，使其具备了现代迫击炮的基本特征。之后，各国都大量装备和使用这种武器。据统计，在二战中，各国使用迫击炮的数量远超于其他各类火炮。

▲ 迫击炮在陆军装备中占有重要地位

寻根问底

世界上最轻的迫击炮是什么？

美军装备的手提式M224型迫击炮是目前世界上最轻的火炮。该炮口径为60毫米，没有炮架，采用小矩形座钣，全炮仅重7.8千克。这种炮不仅可由一个人携带，而且有两种发射方式：扳机发射和迫击发射。

◀ 现代迫击炮

★★
★ 二战后的迫击炮 ▶▶▶

二战后，鉴于迫击炮具有独特优势，一些国家为提高迫击炮摧毁敌方坚固工事的能力，将通常使用的中、小口径迫击炮加大，制成口径为120毫米、240毫米等大口径迫击炮。到二十世纪六七十年代，各国的迫击炮口径一般都限制在120毫米以下。80年代后，迫击炮的发展有了更高的水平，而且在重型迫击炮方面有了突破。而对于小口径迫击炮，各国都采用加长身管、研制新弹和改进发射药等措施来增大射程，从而使60毫米迫击炮的射程达到4000米以上。

迫击炮的未来

在 21 世纪初，迫击炮度过了它的百岁寿辰。在一百年的炮火硝烟中，迫击炮与其他武器一样，随着科技的发展和战争的需要，不断地发展变化，并日益强大。随着世界军事变革的不断深入，各国为适应未来作战的需要，纷纷将迫击炮研制、开发的重点投向了提高其作战性能上。具体来说，未来迫击炮的发展主要体现在下述几方面。

▲ 法国 2R2M 型 120 迫击炮

增大射程

为适应纵深攻击的要求，使迫击炮具有更大的火力控制范围，世界各国正进一步增大迫击炮的射程。增大射程的技术途径，除继续发展高能推进剂和发射药，增加药量，改进弹体结构和弹道性能外，新的努力可能集中在冲压发动机和液体发射药的应用方面。比如，芬兰研制的高级迫击炮因采用高能推进剂，其射程可达到 1 万米，而法国研制的 2R2M 型 120 迫击炮因改进弹道性能，其射程也能达到 8 000 多米。

提高毁伤力

未来，提高迫击炮毁伤力的途径主要有两个方面。一是继续提高反装甲能力。新型弹药和新技术的广泛采用给迫击炮提高破甲能力提供了可能性。例如，俄军研制的 120 毫米末端红外制导炮弹就采用了聚能装药技术，从而提高了迫击炮的破甲能力。二是提高毁伤无线电发射和接受能力，即破坏对方指挥系统及有此类系统的武器。此类目标在各国武器中所占比例越来越大，在现代战争中的作用越来越重要。因此，如何更有效地毁伤这类目标，已成为迫击炮发展的重要目标。

▶ 随着战场环境的不断变化，各国都在用高新技术"武装"古老的迫击炮

★★ 改善机动性 ▷▷▷

　　除了更多地发展自行迫击炮、牵引式迫击炮外,新的发展方向主要集中在两个方面:一是更多地采用铝钛等轻型合金和合成材料来制造迫击炮,减轻迫击炮自重,使其更利于背扛、空运、直升机载运;二是发展轮式迫击炮,使迫击炮有更大的机动性和可靠性。例如,俄罗斯研制的 2S31 型迫击炮,装在 BMP3 型步兵战车上,大大增强了迫击炮的机动性;德国研制的"鼬鼠" 2 型迫击炮不仅机动性能强,还可以空投,从而大大增强了其作战范围。

▲ 俄罗斯 2S31 式 120 毫米自行迫击炮

▶ 迫击炮在现代战争中仍然是被使用最广的一种武器

★★ 增强独立作战能力 ▷▷▷

　　为做到"能打能撤",且配置分散、火力集中,迫击炮将向单炮综合体发展,利用计算机将火力系统和各种保障系统结合为一个整体,从而增强迫击炮的独立作战能力。在这一方面,中国人民解放军研制的 120 型迫榴炮走在了世界前列,它不仅机动能力强,而且拥有先进的弹道计算机,从填装到发射,均是自动控制,除发射普通炮弹外,还可以发射火箭增程弹、激光制导导弹和反装甲高爆弹,具有很强的突击能力。

寻根问底

迫击炮能实现人工智能化吗?

　　可以。迫击炮的人工智能化主要体现在迫击炮自动定向定位、自动装定射击诸元、自动瞄准、自动填装发射、炮弹自动搜寻等方面。目前,瑞士研制的"大号" 120 毫米自行迫击炮已具备了这些功能。

★国防科技知识大百科

火 箭 炮

火箭炮是一种发射火箭弹，用以消灭敌方有生力量、击毁各种武器装置和防御工事的多发联装发射装置。它能提供大面积瞬时密集火力，具有很大的杀伤力和对敌的威慑力。火箭炮为多管火炮，由于威力大、火力猛、射程远和机动性好，已在世界各国的军队中得到广泛应用，特别是子母弹和制导技术的发展更为火箭炮提供了广阔的应用前景。

★★ 源于中国火箭 ▶▶

火箭是中国人的一大发明，最早的多枚火箭连发装置和发射装置也是中国人发明的。在970年的宋朝，中国人发明了世界上第一支火药火箭。975年，火箭作为武器首次用于战争中。1621年，明朝人茅元仪完成了《武备志》一书，书中记载的火箭及发射装置有几十种，其中有一次可发射32支火箭的"一窝蜂"和发射40支火箭的"群豹横奔箭"，还有一发百箭的"百虎齐奔箭"与可两次连续齐射的"群英逐兔箭"，这些都可看作现代火箭的原始雏形。

▲ 现代火箭技术之父罗伯特·哈金斯·戈达德

★★ 发展历程 ▶▶

17世纪，欧洲国家相继制造出火箭。到20世纪初，随着火箭技术的发展，现代火箭炮也逐步形成。1933年，苏联研制出世界上第一门现代火箭炮BM-13。该炮装在载重汽车的底盘上，可联装16枚132毫米的"卫衣"火箭弹，最大射程可达8500米。1939年，BM-13正式装备苏联红军，并在两年后进行首次实战。火箭炮齐射时，不仅能以排山倒海之势消灭敌人的有生力量和军事装备，还可给敌人以精神上的巨大震撼。

▲ BM-13型火箭炮

▲ BM-13型火箭炮

★★★ 主要组成部分 ▶▶▶

火箭炮通常为多管联装,其中多管火箭炮可分为火箭炮和火箭弹两大部分。火箭炮由发射器、高低方向机回转机构、瞄准装置、电源发射点火控制装置及运载车辆组成。火箭弹由战斗部、引信、火箭发动机、电点火装置及尾翼组成。如今,各国装备的火箭炮少则几管、十几管、几十管,最多的有114管。发射器多装在履带车辆或轮式越野车辆上,因此比一般自行火炮行驶速度要快。

◀ BM-30 多管火箭发射系统

★★★ 战后发展 ▶▶▶

二战结束后,苏联的BM-13火箭炮继续在战场上大显神威。1953年,在朝鲜战争的金城战役中,中国志愿军利用该火箭炮向敌发起攻势,突破敌军阵地,迅速取得了战役胜利,为尽快签署停战协议赢得了时间。由于在二战和朝鲜战场上的出色表现,火箭炮受到了各国的广泛关注。20世纪50年代后,苏联火箭炮的技术性能和发射管数、射程、威力和精度都有了很大的提高。此后,德国、意大利、以色列和西班牙等国都以苏联的火箭炮为模板,研制出各种不同类型的火箭炮。

见微知著 　　　　　火箭弹

火箭弹是指靠火箭发动机推进的非制导弹药。其主要用于杀伤、压制敌方有生力量,破坏工事及武器装备等。按毁伤作用,火箭弹可分为杀伤、爆破、破甲、碎甲、燃烧等火箭弹;按飞行稳定方式,可分为尾翼式火箭弹和涡轮式火箭弹。

"喀秋莎"火箭炮

在二战中,苏联军队率先使用了自产的 BM-13 型多管装火箭炮这种新式武器。在首次战斗中,苏军仅用 10 多分钟就将德军阵地变成一片火海。苏军士兵也不知道这是什么武器,因看到炮车上刻着"K"(读"喀"音),就亲切地叫它"喀秋莎"(苏联女性的爱称)。从此,"喀秋莎"的威名名扬天下,而且成了火箭炮的代名词。

★ 研制历史 ▶▶

"喀秋莎"火箭炮是在苏联卫国战争初期,由苏联的"共产国际"兵工厂组织生产的。由于"共产国际"一词的俄文第一个字母是"K",所以就将"K"字打在炮车上,作为该炮的出厂代号。"喀秋莎"火箭炮的正式型号是 BM-13,早在战争爆发前的 1939 年,苏联就生产了该炮的样品。二战爆发后,为进一步对抗希特勒赖以进行突袭和侵略的闪电战术,苏联于 1941 年组织许多工厂协作生产这种火炮,以供前线部队使用。

装载在卡车上的"喀秋莎"火箭炮具有比较强的机动性

★ 聚焦历史 ★

1943 年 2 月,在斯大林格勒会战中,为对付德军坚固的火力点,苏军投入了 1 531 门改进型的"喀秋莎"火箭炮 M-31-4 火箭炮。该炮战斗部装药重达 28.9 千克,可以摧毁德军禁锢的火力点,为此次会战的胜利立下汗马功劳。

★★★ 追本溯源 ▶▶▶

　　"喀秋莎"火箭炮无论是结构、发射方式和原理都与我国明代的"火箭溜"和"架火战车"相似。"喀秋莎"用来发射火箭的滑轨（导向轨）相当于"火箭溜"滑槽，或者与"架火战车"上的发射器相类似。火箭发射时，先点燃火箭（用电点火，而"火箭溜"和"架火战车"是人工点火），使火箭弹沿着滑轨向前滑行一段距离，这样就能赋予火箭弹以确定的射击方向，使它能准确地射中目标。由此可知，我国是世界上最早发明和应用火箭炮的国家。

▼"喀秋莎"火箭炮

★★★ 威力凶猛 ▶▶▶

　　"喀秋莎"一次齐射即可发射口径为132毫米的火箭弹16发，最大射程为8.5千米。该炮再次填装大约要5~10分钟，而一次齐射仅需7~10秒钟，所以可在短时间内以密集火力对集结的敌方有生力量和坦克等目标进行大面积袭击和压制，并能迅速撤离。由于该炮火力凶猛，杀伤范围大，因此是一种大量消灭敌人密集部队，压制敌炮兵火力和摧毁敌防御工事的有效武器。

★★★ 性能优越 ▶▶▶

　　"喀秋莎"是一种多轨道的自行火箭炮，共有8条发射滑轨。滑轨上、下各有一导向槽，每个槽中可挂一枚火箭弹。一门这种火箭炮可挂16枚火箭弹。它既可单射，也可部分连射，或者在10秒钟内一次齐射将全部火箭弹发射出去。因而，它能在很短时间内形成巨大的火力网，对敌进行出其不意的攻击，增大杀伤威力。此外，整个火炮可装在一辆汽车上，机动灵活，转移阵地迅速。所以，无论在进攻或防御中，它都能发挥重要作用。

▲"喀秋莎"火箭炮
配备的火箭弹

舰 炮

舰炮是以水面舰艇为载体的海军武器,是海军舰艇主要的攻击武器。在海军舰艇所用的武器中,舰炮的资历最悠久。舰炮问世于16世纪末期,至今已有400多年历史。它最初是海面近战时期的辅助武器,经过长期的战斗磨炼,舰炮的作战本领日益增强,现在不仅能独立战斗,而且成为水面舰艇攻防兼备的主力武器。

★★★ 早期的舰炮 ▶

舰炮和其他火炮一样,最早都源于抛石机。公元前5世纪,战船上都装有抛石机。当时的海战都是双方船只靠近后进行白刃战,所以也叫"接舷战"。抛石机作为武器在战船上出现后,主要用来抛射石头和圆木,以阻止敌船靠近进行接舷战。火箭问世后,抛石机就将烟火弹丸或装有燃烧剂的弹丸抛射出去,以烧毁敌船。当时的抛石机大都装在船首和船舷上,直接将火箭抛向敌船,将其烧毁。941年,俄国大公领兵数万乘船千艘出征希腊,结果战船被对方的燃烧弹击中,士兵几乎全部葬身火海。

▶ 美国南北战争中使用的舰炮

★★ 滑膛炮时代 ▶

16世纪末期,火药的应用使得管形火器发展迅速,臼炮和榴弹炮也开始广泛使用爆炸性的燃烧弹。此时,战舰上也开始设置炮门,并安装甲板来增加火炮的数量。此时虽然战舰火炮的威力增强了,但由于当时没有瞄准器,火炮在海上摇摆不定,因此命中率很低,射程也比较近。后来,战船上装备了发射炸弹的火炮,而且数量竟达到140门,并且炮口较大,达200~220毫米。火炮在船上被四层配置,大大提高了战船的作战能力。

◀ 早期滑膛炮

★★ 线膛炮时代 ▷▷▷

工业革命之后,世界各海军强国普遍采用装甲战船。此时,再用发射球形爆炸弹的滑膛炮来对付装甲舰就非常困难了,即便增大火炮口径,也很难将装甲舰击穿。于是,在19世纪中期,各国舰船开始装备发射长圆形弹丸的线膛炮,装甲舰不再坚不可破。之后,随着战舰装甲厚度的不断增加,也促使穿甲弹开始用于舰炮。穿甲弹的使用,使舰炮成为对付敌舰装甲最有效的海战武器。19世纪后期,口径为120毫米的速射炮出现,这为中口径舰炮奠定了基础。

▲ 线膛炮是炮身管内壁有膛线的火炮。发射时,弹丸沿炮膛膛线旋转前进,出炮口后具有一定的转速,并能保持稳定飞行

★★ 一战后的舰炮 ▷▷▷

一战后至20世纪40年代初期,世界各国海军装备的舰炮口径较大,包括150、180、203、305、356毫米等口径,有的口径达到406毫米,而日本的舰炮口径甚至达到457毫米。一般舰炮的射程为20~45千米。当时舰炮发展的趋势是提高大、中口径炮管的使用寿命、射速和威力,研制中口径高平两用炮和小口径舰用高射炮。二战中,舰炮在数次海战中发挥了重要作用,后来由于飞机广泛用于海战,战舰上主炮的作用降低。在二战后,由于作战目标的变化,高平两用炮和小口径高射炮的发展速度较快。

▼ 舰炮是海军最古老的舰载武器,在水鱼雷、舰载机和导弹武器出现之前,它曾是海军舰艇上最重要的兵器

★ 聚焦历史 ★

海湾战争期间,美国出动"密苏里"号和"威斯康星"号战列舰,使用舰船上的406毫米超大口径舰炮连续数日对伊拉克军队近岸的军事目标进行了猛烈的轰击,共发射100余发炮弹,弹丸重量总计有100多吨。

★ 国防科技知识大百科

"奥托"舰炮

说起舰炮家族，来自意大利的"奥托"（奥托·布雷达）76毫米舰炮无疑是使用最广泛的中口径舰炮。该炮射速高，体积紧凑，适合在中小型舰艇上使用，且同时兼顾防空、反导和对陆攻击能力，因而成为各国海军广泛使用的舰炮，被誉为舰炮中的"AK-47"。

基本简介

"奥托"76毫米舰炮的射速高达120发/分，既能全自动电脑操作机炮，也能由炮手遥控操作，可近距离反导弹、空防、打击水面舰艇等。由于设计时已考虑到小型舰艇安装的需要，加之冷战时期主要国家并未研制出适合的防空快炮，因此"奥托"76毫米舰炮成为西方世界舰船防空火炮的唯一选择。目前，已有数十个国家的海军舰船装备了"奥托"76毫米舰炮。

◀"奥托"76毫米舰炮

紧凑的身型

"奥托"76毫米舰炮主要由发射系统、供弹系统、瞄准及控制系统和炮架等部分组成。在使用新的近炸引信预制破片弹后，该舰炮还能用于反导。从外形来看，"奥托"76毫米舰炮紧致轻巧、射速高、可靠性和精度高、自动化程度高，不但具有较强的对海攻击能力，还具有一定的对地攻击、防空和反导能力。

★★ 大受欢迎 ▶▶▶

20 世纪 70 年代初,奥托－梅莱拉公司在"奥托"MMI76 毫米舰炮的基础上,推出了紧凑型 76 毫米舰炮。该舰炮一经推出,就备受西方国家海军的青睐。紧凑型 76 毫米舰炮适于装备护卫舰等中小型舰艇,具有很好的防空能力。在当时的军火市场上,紧凑型 76 毫米舰炮赢得了很多用户,甚至连世界海军第一强国美国也于 1975 年引进了紧凑型 76 毫米舰炮,并将其作为"佩里"级护卫舰的主炮。

▲ "奥托"76 毫米舰炮

★★ 新型成员 ▶▶▶

虽然紧凑型 76 毫米舰炮的威力已经相当厉害,但意大利人并不满足这样的成绩。20 世纪 80 年代初,他们开始着手研制射速更高的舰炮系统,在 1985 年首次展出射速为 100~120 发/分的速射型 76 毫米舰炮系统,并于 1988 年 4 月开始在"勇敢"号驱逐舰上进行海上试验。之后,意大利又继续改进出精度更高的超速型 76 毫米舰炮。

★★ 部件共用 ▶▶▶

"奥托"76 毫米的紧凑型、速射型和超速型舰炮的结构基本相同,其主要部件可以互换。在这些主要部件中,除了炮塔和炮管可以互换,它们的俯仰机构也是可以互换的,当然也包括反后坐装置。此外,该系列舰炮的供弹、扬弹系统和旋转弹鼓也是可以互换的。

★ 聚焦历史 ★

20 世纪 80 年代初,奥托－梅莱拉公司开始改进 76 毫米紧凑型舰炮,改进后的舰炮发射率达到 120 发/分,故此称为速射型。在 1984 年莫斯塔尔海军展览会上,首次展出了该型舰炮样炮。之后,该炮进行陆、海试验,并取得了优异成绩。

▼ 装备在战舰上的"奥托"76 毫米舰炮

航 炮

> 航炮也称作航空机炮,是指口径大于20毫米、采用连续击发机制的武器。航炮多装在飞机等航空器上,具有射速高、操作简单、结构紧凑等特点。现在,战机上用的多是23毫米和30毫米的航炮。在越战前,世界上所有的新型战机几乎都放弃了航炮武装;到越战后,世界各国的新战机又重新将航炮装上战机,航炮又重新被人们重视起来。

★★ 早期的航炮 ▶▶

在1911年的墨西哥革命战争中,美国民间飞行员埃文兰勃驾驶着一架"寇蒂斯"式飞机用枪向政府军的一架侦察机射击,结果导致了人类历史上的首次空战。埃文兰勃的这支手枪就是战斗飞机上最早用于空战的"航空武器"。此后的30年间,战斗机上逐渐装备了制式航空机枪。一般说,火力武器的口径越大,威力就越大。因此,二战初,战斗机要求配备上威力较大的火力攻击系统。于是在1940—1942年间,德国战斗机普遍装备了20~30毫米的航空机炮,这就是最早的航炮。

▼ M61A1 火神航炮

▼ 战斗机上安装机炮,可以大大增加近距离空战时的火力

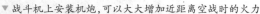

—— F—16战斗机机炮位置

★★ 航炮的发展 ▶▶

当前,航炮的口径大约有20、23、27、30和37毫米几种口径。航炮也由单管发展到多管旋转炮,例如美国的20毫米口径"火神"式六管炮和30毫米口径GAU—81A型"复仇者"式七管转管炮,法国的30毫米口径"德发"式与英国30毫米"阿登"式航炮,以及俄罗斯23毫米口径双管炮和六管炮。以美国"复仇者"七管炮为例,其射速为2 100~4 200发/分,炮弹初速为1 066米/秒,炮重281千克,每弹重694~948克。其炮弹用于对目标爆破燃烧、穿甲燃烧或平时的训练用。

▶ 航空机炮

结构形式

　　航炮的基本结构形式分为转膛式和转管式。转膛炮是弹膛旋转的火炮，其基本原理是将武器的供弹、装填、击发、抛壳等动作分开，平行进行，即在射击过程中炮管不转，只是几个弹膛在转轮带动下依次转到对准炮管的发射位置。与转膛式不同，转管式在射击过程中弹膛不动而炮管连续不断地旋转。这种火炮的工作特点是每个炮管都有自己的炮闩，分别依次完成进弹、闭锁、击发、开闩及抛壳等动作，这种火炮一般是采用电点火的。

▲ M61A1 航炮

见微知著　　　**空空导弹**

　　空空导弹是指从飞行器上发射的攻击空中目标的导弹，是歼击机的主要武器之一，也用作歼击轰炸机、强击机、直升机的空战武器。与航空机关炮相较，空空导弹具有射程远、命中精度高、威力大的特点。

存废之争

　　20 世纪 50 年代后期，随着超声速飞机和空空导弹的出现，有些超声速飞机因装备了空空导弹而废除航炮。之所以废除航炮，是因为超声速飞行使飞行员无法驾驭它进行传统的近距离空中格斗。既然超声速飞机无法进行近距离空中格斗，航炮也就失去了存在的必要性。在战斗机上要不要继续装备航炮的问题争论了几十年，但越战和第三次中东战争的空战给出了答案，超声速歼击机的空战仍需实施近距离空中格斗。空战实践证明，航炮是不可替代的。

★ 国防科技知识大百科

GAU8/A "复仇者"航炮

GAU8/A "复仇者"航炮是美国通用电气公司于 1971 年在 "火神" 20 毫米口径 6 管 M61A1 航炮基础上发展出来的 30 毫米口径 7 管炮，专用于美国空军的 A－10 "雷霆" 攻击机。该航炮是专为反坦克而设计的，以极高的射速发射高威力炮弹。其中 GAU8/A 是该航炮的编号，而 "复仇者" 则是它的名字。

★ 诞生经过 ▶▶

GAU－8 最初是为 A－10 "雷霆" 二式攻击机定型的 A－X 计划的平行计划。1971 年，美国空军与通用电气公司签订了价值 2 110 万美元的合同，为正在研制的 A－10 "雷霆" 攻击机开发 30 毫米口径的 GAU8/A 航炮。1973 年 1 月，GAU8/A 机炮在埃格林空军基地进行了首次发射试验。第二年，GAU8/A 机载航炮在 A－10 攻击机上首次进行了发射试验，并于 1975 年开始正式投入生产，随后进入了现役。

★ 大体结构 ▶▶

GAU8/A 总重 281 千克，加上装填系统和弹药后总重高达 1 828 千克，占 A－10 攻击机净重的 16%。该炮从炮口到弹药系统尾端距离为 5.93 米，弹药箱直径为 880 毫米，全长为 2 米。弹药箱一次可以装填 1 174 发炮弹。"复仇者" 航炮的结构与 "火神" 航炮大体相同，但仍有差异。M61A1 航炮采用的是下压闭锁式机心，而 GAU8/A 航炮则采用的是旋转闭锁式机心。该航炮的机心组件装有撞针、撞针簧和板机簧，板机簧受固定机匣上的发射凸轮控制。

▶ 安装于 A－10 攻击机机首的 "复仇者" 航炮

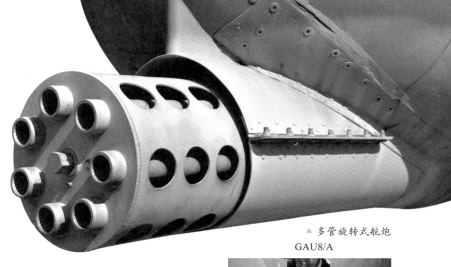

▲ 多管旋转式航炮 GAU8/A

合理布局

GAU8/A"复仇者"航炮的系统装在一个托架上，而炮管组的旋转轴稍微偏向飞机中心线的左边。由于该航炮的发射位置接近飞机的对称轴线，因此机炮发射时对飞机不会产生偏航力矩。而它的弹药则采用了较轻的铝合金弹壳和塑料旋转弹带，从而减轻了重量，也一定程度地延长了炮管的寿命。

▲ GAU8/A"复仇者"航炮正面

◀ GAU8/A"复仇者"航炮

特殊的设计

GAU8/A在弹药设计上有一处非常重要的创新，就是用铝合金代替了传统的钢与黄铜。这一创新，使得飞机在总负重不变的情况下可多携带30%的弹药。在弹壳上还有为延长枪管寿命设计的塑料制弹壳箍。弹药长约290毫米，重约0.69千克。GAU8/A的标准弹药排列是按照4∶1的比例将弹头重约425克的 PGU-14/B 燃烧穿甲弹与弹头重约360克的 PGU-13/B 高爆燃烧弹混合而成。

穿甲燃烧弹

在海湾战争中，GAU8/A"复仇者"航炮发射的炮弹中有许多都是穿甲燃烧弹。这是一种新型的贫铀弹药，弹丸的壳体比较轻，里面装有1个贫铀穿甲芯。该穿甲芯除了有很强的穿透力以外，还能增强穿甲燃烧效应。

未来火炮

随着现代高技术的迅速发展和生产工艺的不断改进，特别是随着微电子、计算机、激光和光电技术等的蓬勃发展，火炮王国新秀辈出，出现了许多身手不凡的新成员。可以预见，在未来的海、陆、空战场上，这些在射程、精度、威力、机动性方面都将有显著提高的火炮新秀必将大显身手，发挥重要作用。

★★★ 神奇的激光炮 ▶▶

激光炮击毁目标与一般火炮不同，它主要是借助于很强的烧蚀性能、辐射和强激波来起破坏作用，并使目标上的仪器失灵和操作装置失效。由于激光的传播速度极快，所以在射击飞机、导弹、坦克等移动目标时，不需要考虑提前量就能光到机毁，使敌人无法逃脱。激光炮没有一般火炮那样巨大的后坐力，因此也不会发生膛炸和早炸，并能及时变换方向去捕捉目标。目前在世界范围内，俄罗斯的激光炮理论研究处于领先地位，而美国在激光武器应用中处于领先地位。

◀ 正在开发研制中的激光武器系统

★★★ 快如流星的电磁炮 ▶▶

电磁炮是一种利用电磁能或电热能发射各种弹丸的动能武器。它是利用电磁系统中电磁场产生的作用力来对金属炮弹进行加速，使其达到打击目标所需要的动能。与传统的火药推动的大炮相比，电磁炮具有初速高、加速快、飞行时间短、火力猛、抗电子干扰能力强和毁伤效果好等特点，能够通过带有巨大动能的弹丸直接撞击飞机、卫星和导弹等各种目标将其摧毁。

▲ 电磁炮

★★★电热炮 ▶▶▶

电热炮和电磁炮都是依靠电能来推动弹丸飞速向前的,但又有所区别。将电能变成强大的电磁力使电磁力弹丸快速飞向目标的叫电磁炮;而用电极放电产生高温、高压气体,将弹丸以很高的速度推出炮管的叫电热炮。电热炮也使用普通火炮身管,只是发射能源不同。由于它将电热发射技术直接应用于常规火炮中,因而能更早地达到实用目的。从已进行过的试验看,电热炮的初速可到 2 000 米/秒以上。这样,既提高了火炮威力,又增大了射程。

▼ 非瞄准线火炮(NLOS-C)是美国陆军未来战斗系统(FCS)项目的主要间接火力支援系统,是正在研制的未来战斗系统八种变型车之一

见微知著　　**激光武器**

激光武器也称为战术高能激光武器,是指用高能的激光武器对远距离的目标进行精确射击或用于防御导弹等的武器。激光武器具有快速、灵活、精确和抗电磁干扰等优异性能,在光电对抗、防空和战略防御中可发挥独特作用。

▲ 美国陆军未来战斗系统中的非瞄准线火炮3D示意图

★★★射束炮 ▶▶▶

粒子束武器是一种利用高能强粒子流射束击毁目标的射束武器,也称作"射束炮"。射束炮用接近光的速度发射电子、质子、中子等粒子流,并通过聚焦产生高能热效应,用于破坏目标上的电子设备和装置。射束炮有以下特点:一是穿透能力强,高能粒子束能穿透各种不同材料的来袭导弹,比激光武器的破坏力还大;二是反应快,粒子束接近光速传播,能对各种目标进行突然袭击,不需考虑提前量;三是不受云、雾、雨、雪等恶劣天气影响,是一种全天候作战武器。

陆军利盾 ▶▶▶

　　在我国古代,"车"字不是指人们乘坐的交通工具,而是专指"战车","战车"是"车"的本义。战车在中外历史上都已有上千年的历史,古代的战车依靠马力拉动,而现代的战车则依靠机械动力。在一战中,许多前所未有的战争利器相继涌现,其中尤以装甲车辆最为威猛。装甲车辆的出现,不仅改变了传统的战争模式,大大地扩大了战争的规模,而且增强了陆军的攻击力和防护力。

★国防科技知识大百科

中国古代战车

中国人早在四五千年前就发明了车子。在中国，华夏始祖黄帝最先使用了车。黄帝，又称轩辕氏，从名称就能看出他与车有密切的关系。中国从夏代到春秋战国的一千多年间，就是战争史上的车战时代。当时的战争主要以车战为主。车战中，奔马拉着载有士兵的战车冲锋陷阵。在当时，战车是捍卫国家、进攻敌人的主要军事装备。

▲ 中国古代令车，乘车人是传令兵，他正在向军队传递命令　　　　　▲ 正在疆场上冲锋的古代战车

★★ 古代战车种类 ▶▶

中国古代战车的种类很多，不同的战车有不同的用途。"戎"专供国君、将帅、诸侯指挥作战乘坐，"轻车"用来攻击敌军车辆，"阙车"作为车阵的机动补充力量，"广车"和"草车"专用于防御。此外，还有用于攻城、放烟、防火、填沟、瞭望的特种战车。

★★ 古代战车的机构 ▶▶

夏代已有战车和小规模车战。从商代到周代一直到春秋时代，战车一直是军队的主要装备，车战是主要的作战方式。这时的战车为方形车厢，独辕，有两个车轮，车轮直径比较大，有130~140厘米，每个车轮有18~24根辐条。当时的战车为木质结构，只在重要部位装有青铜件。每辆战车用两匹马或四匹马拉。每辆车载甲士三名。中间一人负责驾车，称为"御者"；左边一人负责远距离射击，称为"射"或"多射"；右边一人负责近距离的短兵格斗，称为"戎右"。

◀ 有护卫的战车，二人骑马在前，一人步行于后

★★★ 楼车 ▶▶▶

在车战时代和后来的战争中,楼车都是瞭望敌情的重要工具。楼车上竖着十余丈的高竿,竿顶高悬望楼,形状好像鸟巢,所以楼车也被称为巢车。楼车的望楼,有的固定在高竿上面,有的可以上升下降,站在望楼上就能看到很远的地方,及早地发现敌情。

★★★ 临冲吕公车 ▶▶▶

临冲吕公车是明朝倮倮族奴隶主永宁宣抚使奢崇明建造的大型攻城车。这种巨型战车长百米,"数千人拥物如舟",用今天的观点也算是世界上最大的战车。不言而喻,这种攻城车仅有威慑敌人的作用,在实际作战中效果并不好。

▲ 西安兵马俑博物馆的青铜战车

★★★ 战车的"先祖" ▶▶▶

在周代使用的攻城战车中,有一种叫作"轒辒"的战车,其车身外面蒙着生牛皮,是最为坚固的装甲,用以遮挡敌方的弓箭、擂石的攻击。轒辒可以算作是现代装甲车的先祖。这种战车可乘坐10名士兵,携带各种攻城器械。其车厢没有底板,士兵在车内可以用双脚着地,推车前进。到了明朝,人们又将战车、矛与盾和火器结合起来,制造出了能攻能守的战车,其所发挥的作用很像现代的坦克车。

外国古代战车

两千多年前中国的战争形势是车战，同中国一样，古代的埃及、希腊、罗马、巴比伦等西方国家也是很早就用马拉战车进行战争。早在公元前4000年前，古埃及等国家就出现了战车。古代的战车有两个车轮或四个车轮，由1~3匹马拉着。车上的士兵身穿铠甲，手持弓箭或长枪，随着奔驰的战车，在血雨腥风的战场上与敌人厮杀。

★ 最早的车战 ▶▶

公元前14世纪，为争夺叙利亚地区的统治权，古埃及法老拉美西斯二世和赫梯王国发生战争。双方在奥伦特河畔的卡迭石地区展开会战。在这次会战中，交战双方出动了马拉战车4 500多辆。当时交战的战车有两轮或四轮两种，由1~3匹马拉着。车上的士兵身穿铠甲，拿着弓箭和长枪，随着奔驰的战车，与敌人厮

▲ 赫梯战车

杀。这场会战的最后结果是双方握手言和，缔结合约。这份合约的全文保存在埃及神庙的墙壁上和赫梯王国的档案库里，从中证明，人类早在三四千年前就开始车战了。

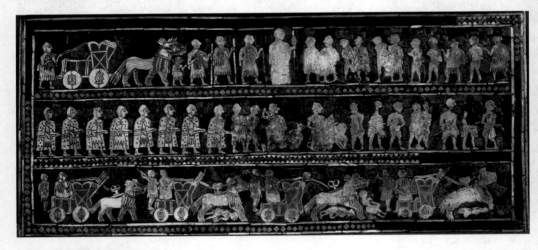

◀ 埃及
神庙壁画
上的古代
战车

★ 大象"攻城车" ▶▶

公元前326年，在马其顿国王亚历山大与印度国王帕鲁士的作战中，首先使用了大象"攻城车"。这种大象战车其实并没有车轮，只是将高大的木制"车厢"安放在大象背上。几名士兵手持长枪与弓箭站在"车厢"里，由驭手驱赶大象冲向敌方的城堡。大象体形庞大，"车厢"又高居象背之上，士兵能站在比较高的位置上与城上的敌人展开战斗。不过这种大象"攻城车"机动性不强，只能在战争初期发挥有限的作用，对战争的走向起不到太大作用。

埃及的战车

古埃及人的战车大多为二轮战车，这种车行驶快速、轻便，很适合追击战，尽管它没有四轮战车那样稳定，但在对外战争中，特别是与巴比伦的战斗中，埃及人多次用计，使得巴比伦军队的四轮战车被困，无法脱险，最后围而歼之。埃及人最常用的计谋是挖陷坑，巴比伦的优秀二轮战车手大都能敏锐地跳过去，但是四轮战车就不行了，由于多了两个轮子的重量，从上边跳跃时就会不由自主地掉进去，陷入困境，结果被埃及人杀死。

▲ 拉美西斯二世在战车上

聚焦历史

在公元前8世纪，古代亚述人发明了一种用于攻城的攻城车。攻城车也叫攻城槌，在亚述人攻打以色列的战斗中，用于撞击坚固设防的城墙。这种攻城槌在后续千年的战争中陆续出现过，因高大笨重，机动性差，实用性也差。

战车的三大要素

古代战车，无论是中国的，还是外国的，都已经有了现代战车的雏形。虽然古代战车多由木头制成，但其在结构和功能上都具备了现代战车的三大要素：一是比对手拥有更强的攻击力，古代战车上配备有弓和弩，能远距离杀伤敌人；二是比对手有更快的机动性，马拉战车可以跑得很快，在瞬息万变的战场上便于追杀和躲避敌军；三是具有一定的防护力，身穿铠甲的士兵乘车战斗，对敌人的攻击有防护作用。这三大要素即使是最现代化的坦克也是必不可少的。

外国古代战车复原图

★ 国防科技知识大百科

半履带式装甲车

在装甲车的历史上，曾出现过一种既不是轮式，也不是履带式的装甲车辆，它就是半履带式装甲车。半履带式装甲车曾在战场上红极一时，但在现代战场上已经很难再看到它的踪影了，只有在战车博物馆里才能看到它的模样。虽然半履带式装甲车已经远离战场，但在追述装甲车的历史时，却不能不提它。

★★★ 基本分类 ▶▶

半履带式车辆可分为两类：一类是后部两条履带、前部一条履带的三履带式车辆，在第一辆坦克出现之前，英国研制的越障碍拖拉机就属于这一类；另一类是后部两条履带、前部为车轮的轮-履合一式车辆。严格细分，半履带式车辆又可分为两种：一种是前部为实心轮，近似于今天的压路机；另一种就是轮胎-履带式的，后来用于实战的半履带式装甲车就属于这一种。

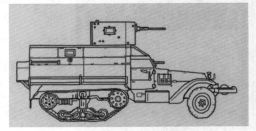

▲ M3 半履带式装甲车

▲ 半履带式装甲车

◀发展历史▶

20世纪20年代，为解决卡车越野能力差和无装甲防护的缺点，半履带式装甲车应运而生。最早的轮－履合一式装甲车是法国的"希特罗恩·凯戈莱斯"M23装甲车。该车于1923年制成，战车全重2.2吨。战车全重是指乘员满员，携带弹药、油料、冷却液充足，随车工具、备件和附品配齐时的战车重量。到二战爆发前，美国和德国先后研制出一批轮－履合一式装甲车，拉开了二战中半履带式装甲车叱咤风云的序幕。

◀基本特点▶

轮－履合一式半履带式装甲车基本特征是前像汽车，后像拖拉机或装甲车。美国的半履带式车辆履带部分长度约占1/2，而德国的半履带式车辆履带部分约占3/4，前部轮胎起部分承重作用和转向作用，有的车型当转向角度大（半径小）时，履带部分也参与转向。半履带式装甲车车重一般为10吨左右，属于轻型装甲车一类。半履带式装甲车的越野能力比卡车强，综合了轮式和履带式的优点。虽然如此，但它的越野能力比不上履带车辆，公路行驶能力和可靠性比不上轮式车辆。

▲ M16 半履带式装甲车

▶ 半履带式装甲车

★聚焦历史★

在二战期间，德国的Sdkfz251半履带式装甲车几乎参加了二战中德军的每一次重大军事行动。Sdkfz251半履带式装甲车共有20多种变型车，包括火箭发射车、装甲喷火车、架桥车、攻城车等。

◀代表车型▶

美国曾是半履带式装甲车的生产大国。20世纪40年代，美国生产的M2和M3半履带式装甲车成为二战中广泛使用的半履带式装甲车。M2的基型车是一种半履带式汽车，用于部队牵引105毫米榴弹炮。其战车（M2A1型）全重为8.89吨，乘员为3人，主要武器为3挺机枪。M3的基型车是一种半履带式装甲输送车，战车全重9.07吨，3名乘员，10名载员，主要武器为1挺12.7毫米机枪（携弹700发）或7.62毫米机枪（携弹7750发），公路最大行程为312千米，最高速度为72千米/时，装甲厚度为7~13毫米。

轮式装甲战车

轮式装甲车是装甲家族的重要成员，也是世界上大多数国家军队的必备武器。轮式装甲车是具有高度的机动能力、一定火力和装甲防护的轻型装甲车，是机动化步兵和快速反应部队的主要装备之一。在硝烟弥漫的战场上，轮式装甲车以其高速性和优越的火力配置，发挥着不可替代的作用。目前，许多国家纷纷研制出自己国产的轮式装甲车，以满足特定的作战需要。

"沙隆"轮式装甲车

从装甲战斗车辆的发展来看，轮式装甲车辆要比履带式车辆出现得早。早在20世纪之初，法国人就研制出世界上第一辆轮式装甲车——"沙隆"轮式装甲车。该车重3吨左右，装有1挺机枪。在一战初期，它被称作装甲汽车的轮式装甲车，以其灵活的机动性而被成批地投入战场。在当时，轮式装甲车主要担负侦察、警戒和突袭等任务，并出色地完成了任务。由于阵地战的发展，交错的战壕阻碍了轮式装甲车作用的发挥，其地位逐渐被越壕能力强的履带装甲车所取代。

二战中的轮式装甲车

在二战中，战场情况已发生了翻天覆地的变化，尤其是西欧战场，公路四通八达使得轮式装甲车辆又有了用武之地。二战是一场空前的机动战，也是一场前所未有的消耗战，因此，成本较低的轮式装甲战车又开始大受欢迎。此时在欧洲战场和非洲战场上，轮式装甲车在兵员运输、战场侦察上占据着不可取代的地位。同盟国和协约国双方都投入大量轮式装甲战车，特别是英、德、法等国都制造和使用大量的轮式装甲车辆。

二战中的轮式装甲车 sdkfz

★ 芬兰 AMV 轮式步兵战车 ▶

　　芬兰AMV步兵战车于2000年首次亮相,该车具有较大的车体和承载能力,并能安装多种重火力武器。目前,AMV装备的武器系统有105毫米口径火炮、120毫米口径的"尼莫"新型迫击炮和双联装"阿莫斯"迫击炮系统。AMV步兵战车包括多种车型,但车上都装有防破片内衬、全焊接钢制装甲和被动附加装甲,还可安装格栅式或网式防护组件,抵御火箭弹的攻击。AMV基本型重约16吨,承重量为10吨,当车辆全重在22吨以下时具有两栖能力,车辆在水中行进时最大水上速度可达10千米/小时。

▲ 芬兰 AMV 轮式步兵战车

★ 未来趋势 ▶

　　未来轮式装甲车将注重模块化和重火力的发展。模块化要求一款轮式装甲车可以灵活多变,在战场上扮演步兵运载车、火力支援车、突击炮、指挥车、坦克救援车、两栖战车等多个角色。以一款底盘为基础,可以迅速改装成具备特定功能的战斗车辆。传统装甲车主要配备一些重机枪等武器,比如30毫米口径的速射炮、移动武器站、大口径火炮甚至是反坦克导弹已装备上轮式装甲车。试想,1门120毫米口径的主炮安装在轮式装甲车上,其火力将能与轻型坦克匹敌。

寻根问底

轮式战车会爆胎吗?

　　一般来说,轮式战车采用的是防爆胎设计,最简单的方法就是使用实心橡胶轮胎;有的比较新的是采用了自我修复的装置,就像飞机的油箱一样,被打穿之后可以自己迅速封上。

▶ 现代轻型轮式装甲车

装甲车

装甲车是具有装甲防护的各种履带或轮式的军用车辆,是安装有装甲的军用或警用车辆的统称。虽然坦克也是履带式装甲车的一种,但是通常由于作战用途的不同,被另外独立分类,而通常说的装甲车多半是指防护力与火力较坦克弱的车种。装甲车具有高度的越野机动性,有一定的防护和火力作用,分为履带式和轮式两种。

▲ 1899 年,西姆斯将一辆四轮汽车改造成装甲车

★★★ 第一辆装甲车的诞生 ▶▶▶

世界上第一辆装甲车诞生于英国。1855 年,英国人J.科恩以一辆蒸汽拖拉机为基础,在拖拉机的四周装上装甲,并安装上一挺机关枪,制成了世界上第一辆装甲车。科恩制成的第一辆装甲车并未在实战中得到应用,但他的发明启发了后来者。1899 年,英国人西姆斯在四轮汽车上安装了装甲,并在车的前后各安装一挺机枪。这辆装甲车被称为"西姆斯装甲车"。1900 年,英国将"西姆斯装甲车"进行量产,随后投入了正在南非进行的英布战争中。

★★★ 一战中的发展 ▶▶▶

一战末期,英国最先研制出了履带式和轮式装甲运输车。车上有轻型装甲和 1 挺机枪,可运载 20 名士兵。虽然车上的装甲可使车内士兵免受枪弹的伤害,但习惯于徒步作战的步兵不习惯乘坐在密闭的装甲车内,因此把首批装甲输送车称为"沙丁鱼罐头"和"带轮的棺材"。这种车大大提高了步兵机动作战的能力,装甲运输车的作用很快就显现出来。

▲ 1902 年西姆斯研制出了第一辆真正意义上的轮式装甲车

▲ 1902 年最早的法国装甲车

★★★ 随后发展 ★★★ ▶▶▶

1918年8月,英军第7集团军的战车营首次使用装甲输送车在华尔夫西运送兵力。当时,12辆装甲输送车一边不停地射击,一边向德军冲击,令德军惊恐万分,四散奔逃。在冲毁德军的防线后,英军跳下装甲车,迅速占领德军阵地。此后,其他国家纷纷开始研制装甲输送车。二战初期,德军最早大量装备使用装甲输送车,在战争中取得了一定效果。装甲输送车的使用,显著地提高了步兵的机动作战能力,并由于步兵可乘车伴随坦克进攻,也提高了坦克的攻击力。

▶ M8装甲车经过凯旋门

★★★ 日益专业 ★★★ ▶▶▶

装甲车具有高度的越野机动性能,有一定的防护和火力作用,一般装备一至两门中小口径火炮及数挺机枪,一些还装有反坦克导弹,其结构由装甲车体、武器系统、动力装置等组成。为了增强防护和方便乘员下车战斗,多采用前置动力装置方案。随着坦克的出现,火力、防护性和越野性都比较弱的装甲车开始失去原有的地位,于是它转向其他用途发展。坦克也是装甲车辆的一种,只是在习惯上通常因作战用途另外独立分类,而装甲车辆多半是指防护力与火力较坦克弱的车种。

▼ 履带式装甲车具有较高的越野机动性能,能自由通过泥泞的道路

寻根问底

装甲车和坦克有什么不同?

装甲车和坦克最大的不同是装甲车的装甲一般只能防护轻武器对它的攻击,对于坦克的火炮攻击是不能防护的。但随着技术的发展,世界上优秀的装甲车的防护能力越来越强。

★国防科技知识大百科

装甲运输车

装甲运输车是具有较好机动性能的装甲战斗输送车辆，可分为履带式和轮式两种。装甲运输车为装甲车族的基本车型，主要用于战时输送人员，必要时还可以在坦克、步兵战车后跟进作战，有时也可运送作战物资等。一般一辆装甲车可输送一个班的兵力，有的装甲运输车在车体两侧开有射击孔，便于步兵乘员战斗。世界上著名的装甲运输车有美国的M113A3装甲运输车、俄罗斯的BTR90装甲运输车等。

★★ 出现背景 ▶▶

一战结束后一直到二战期间，世界各国都效仿英国，大量发展装甲运输车，并不断完善其装备。早期的装甲运输车顶部多为敞开式或半敞开式，这种类型车辆的出现，显著提升了步兵的机动能力。所以二战以后，该型车辆得到迅速发展，许多国家甚至把装备这种车辆的数量作为衡量陆军机械化程度的标志之一。

★★ 武器装备 ▶▶

装甲运输车造价较低，变型性能较好，但火力较弱，防护力较差。为此，一些国家在装甲运输车上安装了小口径机关炮，并将装甲运输车从原来的敞开式或半敞开式改为全密闭式结构，以增强车辆的整体防护性能和防护核武器、化学武器和生物武器袭击（简称"三防"）的能力。

★聚焦历史★

芬兰研发的AMV装甲运兵车是当今世界数一数二的一款，其最高防护级别可抵御30毫米穿甲弹的攻击。在阿富汗的一次军事行动中，有两辆AMV装甲运兵车被RPG-7火箭弹击中，但其装甲未被穿透，之后仍安全返回基地。

▶输送步兵的装甲车辆，一般具有高速、较低的防护力和战斗力等特点

M113 装甲运兵车

M113 装甲运兵车是由美国生产的装甲运兵车，是当今世界外销最多的装甲运兵车。该车以便宜好用、改装方便著称，在近代军事史上具有重要地位。M113 采用全履带配置并有部分两栖能力，既有越野能力，也可在公路上高速行驶。M113有多种变型版，可以担任运输或火力支援等战场角色，现该型车超过 80 000 辆遍布世界。M113 虽然不是坦克，但是也能设计成战斗车辆，在越战时期甚至是装甲覆盖最完全的战斗车辆。现今，M113 各种改型依然在服役。

美国 M113 装甲运兵车

"拳击手"装甲运兵车

"拳击手"装甲运兵车是德国与英国合作研制的一种新型装甲运输车，后来荷兰也参与了该项目。"拳击手"是一款真正意义上的模块化装甲车辆，其车头可互换模块。其车体保持不变，后车厢则被分成一块块的模块，通过调整模块就能完成不同用途，包括步兵运输车、指挥车、救护车和后勤补给车等，而这些模块的替换在一小时内就能完成。该车正面防护装甲可承受 30 毫米炮弹，全方位防护 12.7 毫米子弹的攻击。此外，该装甲运兵车外形光滑，结构平整，有助于降低雷达信号强度，使其难以被雷达探测到。

▶ 士兵们正在 M113 装甲运兵车旁休息

★ 国防科技知识大百科

步兵战车

步兵战车是供步兵机动作战用的装甲战斗车辆，其在火力、防护力和机动性等方面都优于装甲运输车。步兵战车主要用于协同坦克作战，其任务是快速机动，消灭敌方轻型装甲车辆、步兵反坦克火力点和低空飞行目标。现代步兵战车则是在坦克基础上加装载员舱而成的，其特点是既保留了坦克的强大火力和装甲防护，又可作运兵用途。

★★ 研发背景 ▶▶

20世纪50年代，装甲运输车主要以输送步兵为主。为增强对付敌方步兵的能力，提高进攻速度，有的国家开始研制步兵战车。20世纪60年代以来，随着主战坦克的兴起以及核武器和反坦克武器的不断发展，尤其是反坦克导弹和武装直升机的出现，地面战斗中对步兵与主战坦克协同作战的需求显得愈加迫切。基于这样的现实考虑，俄罗斯和西方一些国家开始积极研制一种机动性堪比主战坦克，火力和防护性能较之一般装甲运兵车辆大大增强的新型装甲战斗车辆，即步兵战车。

◀ 步兵战车在火力、防护力和机动性等方面都优于装甲运输车

★★ 主要武器 ▶▶

步兵战车车载武器由火炮、反坦克导弹和并列武器等组成，与步兵携带的各种轻武器一起，构成一个既能对付地面目标，又能对付低空目标，既能对付软目标（缺乏防御能力的目标），又能对付硬目标（防御能力强化的目标）的远、中、近程相结合的火力配系。火炮是步兵战车主要的车载武器，早期多为20~30毫米的机关炮。进入20世纪80年代以后，为了进一步增强步兵战车的火力，各国的步兵战车开始装备25~30毫米口径的火炮。步兵战车的其他武器一般为1挺7.62毫米机枪，能够对1 000米以内的软目标构成威胁。

防护能力

步兵战车的车体采用均质钢装甲或铝装甲焊接而成，并有射孔，便于乘载的步兵从车内射击，以利于乘车战斗。步兵战车的防护性能要求车体正面和炮塔前部能够防御20~25毫米机关炮炮弹，车体和炮塔两侧能防枪弹和炮弹碎片。20世纪80年代以来，改进的新步兵战车有的还装备了附加装甲或采用间隙复合装甲，以增强抗弹能力。除装甲防护之外，步兵战车还有烟幕释放装置和三防装置，有的还有自动灭火装置，这些装置对提高车辆的防护性都能起到积极作用。

▲ "丘吉尔"步兵战车

"冷战之子"

被称为"冷战之子"的BMP3步兵战车是俄罗斯研制的一种履带式步兵战车。该车从20世纪80年代初开始研制，于1986年投产。在投产前，该车曾在各种实战条件下进行了大量的野外试验。试验表明该车性能优越，越野最大时速为70~80千米/时，可水陆两用，炮塔正面能防20毫米或25毫米炮弹袭击，车体能防机枪弹或弹片。

▲ BMP3 步兵战车

▼ BMP3步兵战车是第三代步兵战车的代表作品。它是世界上装备武器最多的一种步兵战车，也是目前装置火炮口径最大的一种步兵战车，还是第一种用主炮发射激光制导导弹的步兵战车

寻根问底

未来步兵战车会朝什么方向发展？

对于步兵战车的发展前景主要有三种观点：一是用坦克底盘发展装甲防护力较强的重型步兵战车，二是研制一种坦克与步兵战车合为一体的战斗车辆，三是继续发展现有轻型步兵战车。

★国防科技知识大百科

M2 "布雷德利"步兵战车

　　M2 "布雷德利"步兵战车是美国在 20 世纪 60 年代研制并装备列装陆军的一种步兵战车，它以美国五星级上将布雷德利的名字命名。作为一种伴随步兵机动作战用的全履带装甲战斗车辆，M2 "布雷德利"步兵战车既可以独立作战，也可以协同坦克作战，足以取代 M113 装甲运输车成为美国陆军重要的作战装备。

坚固的装甲

　　"布雷德利"战车车体为铝合金装甲焊接结构。车首前上装甲和顶装甲采用 5083 铝合金，炮塔前上部和顶部及车首前下装甲均为钢装甲，侧部倾斜装甲采用 7039 铝合金，车体后部和两侧垂直装甲为间隙装甲。间隙装甲由外向内，第一层系 6.35 毫米厚的钢装甲，第二层为 25.4 毫米的间隙，第三层为 6.35 毫米厚的钢装甲，第四层系 88.9 毫米的间隙，最后一层为 25.4 毫米的铝装甲背板，总厚度 152.4 毫米。车底装甲采用 5083 铝合金，其前部 1/3 挂有一层 9.52 毫米的钢装甲，用以防地雷。整个装甲能防 14.5 毫米枪弹和 155 毫米炮弹破片。

武器装备

　　"布雷德利"步兵战车的炮塔位于车辆中央偏右，能 360° 旋转。其主要武器为 1 门 25 毫米的 M242 链式机关炮，采用双向单路供弹，可以选择不同的弹种。该炮既可发射厄利空 25 毫米炮弹，也可发射美国 M790 系列弹药，其中包括 M791 曳光教练弹，可单发也可连发。连发的射速有两种：一种为 100 发/分，另一种为 200 发/分。废弹壳可自动抛出炮塔外。目前正在研制的新弹种还有 XM919 和 XM881 曳光尾翼稳定脱壳穿甲弹，后者采用贫铀弹芯。

美国的 M2 "布雷德利"步兵战车在海湾战争中，伴随 M1A1 "艾布拉姆斯"主战坦克作战，大出风头

▲ 战场上的 M2"布雷德利"步兵战车

★ 设计缜密 ▶▶

与它的前任 M113 装甲运输车不同，最初设计"布雷德利"战车时，首先考虑的是将其作为先进的武器平台，其次才是步兵的运载工具。它的 25 毫米机关炮可以发射带贫铀芯的 25 毫米穿甲弹，不仅可以击穿 BMPI1/2 步兵战车的装甲，连续射击时还可以击穿 T55 坦克的主装甲。

▲ 装甲步兵乘坐 M2"布雷德利"步兵战车

★ "布雷德利"战车家族 ▶▶

"布雷德利"的改进型主要有 M2A1、M2A2、M2A3 等型号。变型车有 M3 骑兵战车、多管火箭发射车、防空车等。M2"布雷德利"步兵战车拥有强大的越野机动性，可以安全、迅速地将机械化步兵部队运送到与敌人近距离接触的地方。

★ 扬威战场 ▶▶

在海湾战争中，由于"布雷德利"战车上配备了性能先进的红外成像系统，可以为坦克炮长提供全天候、24 小时的大范围探测、分辨、识别和交战能力。尤其远程目标识别能力比 M1A1 坦克还要强，以至于常常发生"布雷德利"战车的乘员向 M1A1 坦克的乘员报告伊军远程目标方位，然后 M1A1 坦克再根据"布雷德利"战车的情报进行攻击的事情。在海湾战争中，美军 2 000 辆"布雷德利"战车伴随着 M1A2 主战坦克在沙漠中风驰电掣，成为打击伊军的一把利剑。

见微知著　曳光弹

曳光弹是一种装有能发光的化学药剂的炮弹或枪弹，其发射后发出红色、黄色或绿色的光，可用于指示弹道和目标。

▶ M2"布雷德利"战车运送机械化步兵部队

装甲侦察车

装甲侦察车通常装有各种侦察仪器和设备，可以有效地侦察战场情况。它具有很好的机动性、较强的火力和防护能力，主要作为坦克和机械部队的侦察车辆，用于战斗侦察。在现代化战争中，各国机械化部队建立同敌方接触并搜集敌方实力及行动情报的任务通常由装甲侦察车完成，这对于高速机动和战术瞬变的战场极为有利。

★ 发展现状

装甲侦察车分为轮式和履带式两种。有时也将安装大口径火炮的侦察车称为战斗侦察车，而一般的则称为装甲侦察车。目前，随着地面战争发生了巨大变化，装甲侦察车也发生了巨大的变化。装甲侦察车的传统功能一直是在主力部队之前侦察并收集有关敌军和前方地形的准确战术信息，将信息发送给指挥官。侦察分队也可以执行侧翼掩护、路线侦察及护航任务。当今世界上，比较著名的装甲侦察车有德国的"山猫"2型轮式侦察车、法国的VBC90轮式侦察车等。

▲ 美国 M3 履带式侦察车

★ 高度的机动性

装甲侦察车一般由轻型车辆变型而来，具有外廓尺寸小、重量轻、速度快的特点。履带装甲侦察车的陆上最大速度为70~80千米/时，而轮式装甲侦察车的最大速度达到90~100千米/时，而且具有水上行驶能力。单从装甲机动性上来讲，装甲侦察车比起坦克和步兵战车来，要更胜一筹。

◀ 装甲侦察车收集战场上各种信息，然后将其发送给指挥官

★★ 火力与防护并重 ▶▶▶

装甲侦察车具有较强的火力和一定的装甲防护力。"能打，又能防"是它的突出特点。现代装甲车都装有机关炮，有的装有105毫米火炮，有的装有反坦克导弹发射器，即使遇到敌方坦克也不畏惧，而对付敌方的步兵战车和轻型装甲车更是轻而易举。一般来说，装甲侦察车的火力比同吨位的装甲车辆更强大，可实施火力侦察和机动作战。在防护上，它能做到防御轻型武器和炮弹破片的攻击，为乘员提供一定的防护。

见微知著 　　　**红外夜视仪**

红外夜视仪是利用光电转换技术的军用夜视仪器。红外夜视仪分为主动式和被动式两种：前者用红外探照灯照射目标，接收反射的红外辐射形成图像；后者不发射红外线，依靠目标自身的红外辐射形成"热图像"，故又称为"热像仪"。

★★ 完善的设备 ▶▶▶

现代装甲侦察车的侦察设备包括大倍率潜望镜和红外观察仪器、微光夜视仪器、微光电视装置、热像仪等，用于夜间观察。其中，热像仪在夜间对装甲车辆的观察距离可达3 000多米。装甲侦察车上还装有测距仪器和信息处理及传输设备，有的还装有车辆导航装置、红外报警装置、地面激光目标指示器、核辐射和化学毒剂探测报警器等。有了这些现代化的光电侦察设备，装甲侦察车才能做到"眼观六路，耳听八方"。

▼ "奇伏坦"装甲侦察车在炮塔顶上装有3个硅光电元件的红外探测器，可探测360°范围的任何红外光

▼ 轮式装甲侦察车辆由于行驶阻力小，因此行驶装置效率高，速度快，机动性好，油耗低，行程储备大

"蝎"式装甲侦察车

英国装备的"蝎"式装甲侦察车,也称"蝎"式轻型坦克,是 20 世纪 60 年代英国陆军研制的装甲侦察车,分履带式和轮式两种。它因外形小巧玲珑和拥有众多的变型车而闻名于世。该装甲侦察车被誉为除了苏军以外绝无仅有的战车全重不足 10 吨、武器精良的战斗车辆。目前,该侦察车已装备在比利时、西班牙等十几个国家的陆军中。

★ 研制过程 ▶

"蝎"式装甲侦察车历经 10 多年的研制时间,如果再算上变型车的发展,前后历时 20 多年。20 世纪 50 年代末,英国陆军着手发展一种以侦察和火力支援任务为主的履带式装甲侦察车,以取代当时英军装备的"萨拉丁""撒拉逊""白鼬"等轮式装甲车。1964—1965 年,英军制定了轻型履带式战斗侦察车的设计方案。1969 年,英国制成第一辆"蝎"式侦察车,并于 1970 开始定型生产。1972 年,首批 2 000 辆"蝎"式侦察车装备英国陆军。此后,比利时陆军也订购了 701 辆。

▲ FV101"蝎"式装甲侦察车

▼ "蝎"式侦察车车体为铝合金全焊接结构,驾驶员位于车体前部左侧,动力舱在前部右侧,战斗舱在后部

★ 典型特征 ▶

"蝎"式侦察车体积小、重量轻,从外形上看,具有超轻型坦克的典型特征,容易识别。"蝎"式侦察车的车长仅有 4.79 米,车宽只有 2.24 米,车高 2.08 米,比西方的主战坦克要小得多、低得多。从侧面看,车的一侧有 5 个负重轮,主动轮在前,诱导轮在后。该车炮塔的形体较大,在炮塔前部两侧各有 4 具烟幕弹发射器,无论正视和侧视都清晰可见。

▲ 士兵驾驶"蝎"式侦察车进行战斗侦察

★★★ 装备现状 ▶▶▶

"蝎"式侦察车和变型车从 1972 年开始装备英国陆军,到 1989 年共生产了 3 467 辆。变型车中有"蝎"72 式侦察车、"蝎"90 式侦察车、"打击者"反坦克导弹车、"斯巴达人"装甲运输车、"撒玛利亚人"装甲救护车、"苏丹"装甲指挥车、"大力神"装甲抢救车和"玩刀"侦察车等,可谓品种众多。"蝎"式侦察车系列除装备英国陆军外,还出口到比利时、利比亚、伊朗、沙特、新西兰、科威特等十几个国家。其装备国家之多,可以与美国的 M41 轻型坦克等相媲美。

寻根问底

当今世界的武器装备中,以动物名命名的有哪些?

当今世界各国的武器装备以动物来命名的,多以凶猛或矫健的动物取名,如德国的"豹"式主战坦克、意大利的"公羊"主战坦克、比利时的"眼镜蛇"装甲运输车和美国的"美洲虎"等。

★★★ 结构特点 ▶▶▶

"蝎"式侦察车总体布置的最大特点是动力-传动装置前置。当今世界上现装备的轻型坦克多数为动力-传动装置后置,采用前置的轻型坦克只有"蝎"式和法国的 AMX-13 等少数几种。"蝎"式侦察车的战斗全重只有 8.1 吨,乘员为 3 人,车长兼装填手、炮长、驾驶员。驾驶员位于车体前部左侧,右侧是发动机,前部是传动装置。该车主要武器是 1 门 76 毫米线膛炮,弹药基数 40 发;辅助武器为 1 挺 7.62 毫米并列机枪,携机枪弹 3 000 发,这挺并列机枪还可用作测距机枪,这也是英国装甲车所独有的。

▲ FV101"蝎"式装甲侦察车设备

▼ FV101"蝎"式装甲侦察车

★ 国防科技知识大百科

装甲通信车

在硝烟弥漫的战场上，作战信息能否畅通无阻地转达，对战斗的顺利进行至关重要。装甲通信车是装有多种通信器材和设备，用来执行通信任务的轻型装甲车辆，在战场上主要用于保障坦克部队的指挥与协同作战时的通信联络。装甲通信车在停止和运动中都可执行通信工作。

★★ 两种类型 ▶▶

装甲通信车在设计时通常会采用两种类型。一种将各种通信设备和装甲指挥车合并在一起，因此这类装甲车辆并非是单纯的通信车辆，同时兼具战场指挥的用途。另一种是装甲通信车作为地面通信的活动中转站，来使无线通信的有效距离得到延伸，或者克服不利地形对无线通信的影响，使地面单位之间的联络与资讯交换得到强化。

▲ 装甲通信车在移动过程中进行通信联络

★★ 主要装备 ▶▶

装甲通信车一般由轻型装甲车改装而成，如俄罗斯的装甲通信车就是在步兵战车底盘上改装而成的。装甲通信车主要装备包括有线通信设备、无线电台、车内通话器和发电机等，有的装甲通信车上还配备了自卫武器。有许多国家的指挥车和通信车采用相同的设备，统称为指挥通信车。一般的装甲通信车分为履带式和轮式两种，车上乘员通常有3~8人，包括通信勤务人员和战斗勤务人员等。

▲ 装甲通信车主要执行通信任务，因而武器装备一般比较少，仅用于自卫

不可或缺的指挥人员

装甲通信车的可乘人员中包括车长、驾驶员、副驾驶员、电台台长和1~2名报务员,还可搭乘数名负责通信车的警戒、发电等勤务的载员。装甲通信车的驾驶员负责驾驶车辆;副驾驶员负责观察前方的道路及敌情等;车长则负责指挥全车的战斗行动,同时可能还需要操作坦克电台,并与其所伴随的装甲指挥车等保持密切联络,根据指挥员的要求将战车开到指定的隐蔽地点。

▼ 装甲通信车上装有大量通信设备,可以在前线部队和后方指挥部之间进行信息传递

远程无线电通信技术

远程无线电通信对装甲兵部队至关重要。一般情况下,由于上级指挥员需要随时掌握部队的动态,所以位于一线的部队指挥员就要实时了解上级的意图并与友邻部队保持及时、快速而高效的信息沟通。

▶ 装甲通信车的主要任务是执行通信任务,所以装备的武器通常为轻型武器

寻根问底

目前,比较著名的装甲通信车有哪些?

装甲通信车辆一般由轻型装甲车辆改装而成,目前世界著名的装甲通信车辆有美国的M4"布雷德利"指挥与控制车、日本的82式指挥通信车等。

至关重要的电波

坦克上的短波单边带(调幅)电台是利用波长10~100米、频率1.6~30兆赫的高频电波(借助电离层反射)进行传输的通信工具,其最大特点是通信距离远,可达几百千米甚至上万千米,可以充分满足装甲兵部队与远在几百千米以外的上级指挥所保持顺畅和不间断联络的要求。

装甲指挥车

　　装甲指挥车是指有较宽敞的指挥室,并配有多种无线电台和观察仪器的轻型装甲车辆。装甲指挥车通常由轻型装甲车改进而成。由于是在战场上发挥核心指挥功能,所以装甲指挥车多注重其自身的通信联络能力。装甲指挥车分为轮式和履带式两种。随着陆军机械化、装甲化程度的提高,一些国家已把装甲指挥车列入装甲车辆车族系列,并扩大了装备范围。

发展历程

　　一战期间,英国、法国等将坦克拆去火炮装上无线电设备,改装成为最初的指挥坦克投入战场使用。二战期间,为了适应坦克和机械化步兵作战指挥的实际需要,英、美、法和德国等国曾用履带式、半履带式和轮式装甲车辆改装成装甲指挥车。这时所谓的装甲指挥车,车上所安装的通信设备品种较少,车辆性能也比较差,而且一般情况下都不带武器装备。二战后,随着光电技术的迅速发展,装甲指挥车的通信联络能力得到很大发展。

▲ 装甲指挥车

当代装甲指挥车

　　二十世纪六七十年代,世界各军事大国都在基型车(一般为装甲运输车或步兵战车)的基础上,研制出专门的装甲指挥车,使装甲指挥车的发展走向正规。当代的装甲指挥车具有与基型车基本相同的机动性能和防护性能,多数装有机枪。车内设有操纵室和指挥室。由于装甲指挥车一般装有多部无线电台,从外观上看,往往是天线林立,有时和装甲通信车难以区分。不过,装甲指挥车是个"活动指挥所",专供装甲部队指挥官乘坐。

◀ "蝎"式主要变型车 FV105
装甲指挥车

★★ 指挥车的"耳目" ⟫⟫

　　装甲指挥车上的通信电台被认为是指挥车的耳目，从这里发出的任何指令都将左右战场形势的瞬息变化。所以，提高电台的保密性、抗干扰性等就成为装甲指挥车研发工作中的重点问题。装甲指挥车的电台可谓种类繁多，其功能也同样是五花八门。电台种类的增多能够有效增强指挥车辆的通信能力，扩展指挥员的"耳目"。

▶ "豹"式装甲指挥车被用来指挥车辆工程兵、坦克、迫击炮及配套火排

见微知著	雷达

　　雷达是现代无线通信中的重要设备，它通过发射电磁波对目标进行照射，然后接受发射回来的电磁波，从而获得目标与雷达间的距离、方位、高度等信息。

★★ 基本装备 ⟫⟫

　　目前，根据各国的装备现状来看，装甲指挥车一般配备在团以上的机械化部队或坦克部队的指挥部门，随着机械化部队或坦克部队的机动作战而进行连续的指挥。装甲指挥车的一般武器装备包括机枪和其他轻武器。其工作设备包括多部无线电台、接收机、各种观察仪器、多功能车内通话系统、工作台和图板等。现在的装甲指挥车辆多安装有多频率无线电台，有的指挥车还安装了有线遥控系统，并配有附加帐篷，当进行静止指挥时即可在车尾架起帐篷，构成车外指挥室。

装甲指挥车

★ 国防科技知识大百科

装甲架桥车

　　装甲架桥车是一种装有制式车辙桥和架设、撤收机构的装甲车辆。目前，装甲架桥车多为履带式，常用于在敌方火力威胁下快速架设车辙桥，保障坦克和其他车辆通过反坦克壕沟、沟渠等人工或天然障碍。一战期间，随着第一批坦克的问世，英国随即推出了世界上第一辆装甲架桥车——MKV 装甲架桥车。它的问世，为坦克在战场上的畅通无阻提供了便利。

第一辆装甲架桥车 ▶▶

　　一战期间，坦克的横空出世改变了原有的战争进行模式。随着坦克的问世，阻碍坦克行进的战壕开始不断在战场上出现。为让坦克在战场畅行无阻，1918 年，英国人研制出了世界第一辆装甲架桥车。紧随其后，法国也开始研制架桥车，并于 1938 年制造出了一种半履带式装甲架桥车。世界第一代装甲架桥车的桥梁结构基本是翻转式的，最大越壕宽度多为 9 米左右，英国研制的"范伦泰"架桥车、"丘吉尔"架桥车均属此类。

见微知著　　**壕沟战**

　　壕沟战又称战壕战，这是一种利用低于地面，并能保护士兵的战壕进行作战的战争形式。进行壕沟战时的参战双方都具有固定的防线。美国南北战争和日俄战争都出现了壕沟战，一战中的西线战场壕沟战被广泛使用。

发展历程 ▶▶

　　二十世纪五六十年代，随着坦克技术的快速发展，装甲架桥车的种类和性能也相应得到了提高。进入七十年代后，西方一些主要国家出现了剪刀式、平推式架桥车，这些架桥车的桥长在 20~22 米之间，载重量为 50~60 吨。二十世纪八十年代以后，装甲架桥车步入了一个全新的发展时期。美国研制出了以 M1 艾布拉姆斯主战坦克为基础的重型突击架桥车。该架桥车桥长 32.3 米，桥自重约为 9 吨，载重量将近 70 吨。此类重型突击桥的出现，为第三代装甲架桥车的规模化研制奠定了基础。

▼ 剪刀式架桥车

▲ 美国的 M60 剪刀式架桥车

★★★ 剪刀式架桥车 ▶▶

剪刀式架桥车大多采用坦克底盘,所以具有和坦克相差无几的防护能力和机动性。在正常行军时,桥节会折叠在车体上部,当需要架桥时可通过液压操纵设备使桥节竖立起来。这时,桥节会像剪刀那样张开,最后展开成直线,并逐渐下降搭落在障碍的两端。剪刀式架桥车的缺点是目标较大,容易暴露,被敌方发现和击毁。

★★★ 平推式架桥车 ▶▶

平推式架桥车一般采用坦克或卡车底盘,是一种按照滑移原理进行架设的架桥车。它的优点在于目标较小,不易暴露,但是由于其结构太复杂,需要的辅助装置也比较多。除需要架设机构外,它还需要导梁来辅助搭桥工作。架桥时,它先将导梁推向对岸,待搭到对岸后再使桥体从导梁上面滑过去,等桥体抵达对岸,然后收回导梁,令桥体近端着地。

▲ 平推式架桥车

★★★ 未来走势 ▶▶

未来架桥车的发展趋势是,桥的结构类型趋向于双节平推式和双折叠剪刀式,而翻转式和车台式架桥方式可能被淘汰,架桥车的桥梁跨度最大将可能达到 30 米,重型架桥车的载重量将向 70 吨级发展。高强度焊接的铝合金将成为未来桥体的主要结构材料。

▶ 随着第三代主战坦克装备部队的产生,将会有更新的与之相适应的架桥车出现

★ 国防科技知识大百科

装甲工程车

装甲工程车，也称战斗工程车，是伴随机械化部队作战并对其进行工兵保障的配套车辆。其基本任务是清除和设置障碍、开辟通路、抢修军路、构筑掩体以及进行战场抢救；有的还可为坦克、装甲车辆涉渡江河构筑岸边进出通路和平整河底，保障战斗车辆渡河。

发展状况

二战中，英国率先装备了装甲工程车。1943年，随着战争的进行，对战场工程车辆的需求显得日益突出。为解决这一问题，英国首先装备了装甲工程车。二战结束后，装甲工程车发展迅速，特别是从20世纪60年代以来，世界各国相继研制和装备了不同类型的装甲工程车。1968年，美国列装了M728战斗工程车；1969年，联邦德国装备了"豹"式工程车。二十世纪七八十年代，苏联推出的NMP战斗工程车，日本推出75式装甲工程车，都是这一时期比较著名的装甲工程车。

▲ 正在执行障碍清除任务的M728战斗工程车

基本分类

根据不同的战术用途和装甲防护能力，装甲工程车大体可分为重装甲工程车、轻装甲工程车和非装甲工程车三类。重装甲工程车一般采用主战坦克底盘，拥有与坦克相当的防护能力和机动性，用于伴随和支援第一梯队坦克的战斗；轻装甲工程车各有特点，有的采用轻型坦克底盘，有的采用轮式或履带式装甲车底盘，有的采用专门设计的底盘；非装甲工程车多数是履带式、轮式推土车（或称推土机）或轮式车辆发展而成的。

▼ 法国装甲战斗工程车

▲ 英国 FV180 装甲工程车

★ 机构特点 》》

目前，各国列装的装甲工程车根据用途不同，在装甲工程车的车体上会装有各种不同的作业器械。比如有的装有挖斗或铲斗，这是挖、铲工程车的主作业装置；有的在车前装推土铲，有的装在车尾，目前以色列的装甲工程车就属于这一类；有的配备有液压绞盘和吊臂，用于抢救或起吊重物；有的用火箭推进地锚，起固定或支撑车辆的作用，如英国 FV180 装甲工程车的地锚，其最大发射距离达到 91.4 米，地锚与绞盘的钢绳连接，当工程车驶离陡峭堤岸时，起支撑车辆的作用。

★ 未来趋势 》》

未来的装甲工程车将会在提高车辆机动性、提高车辆生存力以及作业能力三个方面做足功夫。目前，多数装甲工程车由坦克或装甲车辆的底盘改装而成，因此它们的发展与坦克或装甲车辆的发展息息相关。所以装甲工程车的陆上机动性基本得到保障，但可空运性和水上机动性尚还有待加强。未来的工程车辆还将装备三防装置、灭火系统、烟幕施放和伪装设备等，其作业装备将向着多功能方向发展。

★聚焦历史★

"獾"式装甲工程车是德国在二十世纪八十年代研制的一种性能强大的装甲工程车。它装有可伸缩的挖斗，既可以挖土，又可以装载和起吊重物；装备的推土铲可以在推土时将埋在地下的地雷清除掉。

▶ 装有可伸缩挖斗的德军装甲工程车

装甲扫雷车

扫雷车是装有扫雷器的坦克装甲车辆,主要用于清除战场上的地雷装置,执行战场上的排雷开路任务。现代扫雷车按照扫雷方式,可分为机械扫雷车、爆破扫雷车和机械爆破联合扫雷车,在战场上可根据实际需要挂装不同的扫雷器械。虽然现代国际公约已经禁止使用地雷,但是扫雷车并未因此退出战场。

★★扫雷车的诞生 ▶▶

扫雷坦克就是装有扫雷器的坦克,它用于在战场上为坦克开辟道路。一战中,地雷在战场上大量使用,给刚刚诞生不久的坦克造成极大的威胁。1918年,英国研制出了滚压式扫雷器,并将它安装在"马克"3型坦克前部,这就是世界上最早的扫雷坦克。后来,挖掘式和火箭爆破式扫雷具相继被研制出来,它们都可以经过简单的安装使普通坦克成为扫雷坦克,扫雷效率也大为提高。

▶ 装甲扫雷车的任务不仅仅是扫雷,还包括在雷场开辟出一至数条的安全通道,供地面部队人员和其他车辆安全通过

★★英国首开先河 ▶▶

二战期间,英国开创了在坦克等装甲车上安装扫雷装置的先例。英国的扫雷坦克具有独特结构,链条由车载发动机带动,链条两端装有圆盘切刀,除能扫除地雷外,还能用圆盘切断铁丝网,在铁丝网中开辟通路。在英国推出了扫雷装置后,美国紧随其后,也在M4和M4A3坦克上分别安装了T-1型滚压式扫雷器和T5E1型挖掘式扫雷器。与此同时,苏联也在T-55坦克上安装了挖掘和爆破扫雷装置。二战结束后,美军研制出以LVTP登陆装甲车为基础的LVTE-1机械爆破联合扫雷车。

◀ T5E1型挖掘式扫雷器

见微知著　　　　　地雷

地雷是一种埋入地表下或布设于地面的爆炸性火器。一般由人工埋设，也可由机械布设。目前，地雷的种类达350多种，大体可分为防步兵地雷和防坦克地雷两种。

机械式扫雷车

　　机械扫雷车分为碾压式(滚压式)、犁掘式和锤击式三种。机械扫雷车是靠坦克或装甲车推动安装在车前的扫雷滚轮、扫雷犁和锤击式扫雷器在雷场中进行排雷作业的装备。机械式扫雷车存在结构笨重，安装运输困难，易受地形、土质和季节等条件制约的缺点。但其中的滚压式扫雷车开辟通路准确无误，犁掘式扫雷车重量轻，便于操作。基于以上考虑，机械式扫雷车仍被视为是一种有效的扫雷车。

碾压式扫雷车

机械爆破联合扫雷车

　　机械爆破联合扫雷车是将扫雷器与爆破扫雷器集中在同一辆装甲车上的多功能扫雷车。由于是集机械和爆破扫雷于一身，所以机械爆破联合扫雷车可根据地形、地雷品使用不同的扫雷方式。通常，机械爆破扫雷车不会直接进入雷场，而是在距离雷场一定距离处发射扫雷装药，以爆破的方式在雷场开辟通路，然后再用扫雷器排除未爆炸的地雷。

▲ 碾压式扫雷车

　　碾压式扫雷车滚轮之间通常都会装有扫雷链，用于引爆装倾斜杆的反车底地雷，以苏联的ИT54/ИT55等滚压式扫雷车最为典型。这种扫雷车机械强度高，能承受地雷爆炸时的冲击波，可适应在地势较平缓的地形上行驶，一般可经受8~10次地雷爆炸冲击而不损坏。

▼ 碾压式扫雷车边开边滚，利用巨大的压力，压爆埋设在地下的地雷，清除掉地雷

★ 国防科技知识大百科

装甲防暴车

　　20 世纪 90 年代后，恐怖暴力事件时有发生，为稳定社会治安、平息暴乱、打击恐怖活动，一种多用途的轻型轮式装甲车——装甲防暴车应运而生。装甲防暴车也称为内部安全车或警用装甲车，主要用于防暴及突击开道等。警用装甲车与军用装甲车有许多不同之处，比如其主要在城市和状况良好的道路上行驶，因而多选用行驶速度快、噪声小、节省能源的轮式装甲车。

★★ 基本特征 》》

　　多数警用装甲车配有先进的通信设备，能反侦听、反干扰，还可以加入城市通信网。其火力配备多为非致命性武器，如水枪、化学榴弹发射器等，杀伤性武器多为 7.62 毫米机枪。警用装甲车上备有宣传和威慑作用的设备，如强光灯、广播器材、警灯、警笛等。由于攻击和防卫对象不同，警用装甲车还具有不怕撞车、防弹、轮胎防刺和防阻车钉等特殊本领。由于主要适用于执行防暴、反恐、解救人质和制止骚乱等任务，警用装甲车的武器装备自然也不能和军用装甲车相提并论。

◀ 装甲防暴车可广泛用于维护社会治安，平息骚乱暴动，打击恐怖活动等

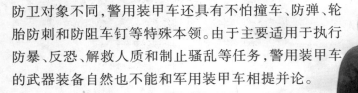

寻根问底
装甲防暴车执勤有什么特点？

　　装甲防暴车主要在马路上值勤，而不像军用装甲车那样在复杂地形上行进，所以其多用四轮驱动，具有较大的爬大坡能力、越沟能力和攀越垂直障碍物的能力。

★ 不怕撞的防暴车

通常情况下，警用装甲车主要在一些特殊和危急情况下用于撞车。例如，当那些疯狂的犯罪嫌疑人驾驶汽车亡命逃跑时，他们常常横冲直撞，无所顾忌。为了有效制止这种犯罪事实的发生，警察和武警就要冒着风险去撞击罪犯的汽车，以此来阻止其疯狂举动。这种情况下，如果用一般的汽车去撞，危险性是很大的。这时，轮式装甲防暴车就成为了追撞罪犯汽车的最佳车辆。

◀ 警用装甲车

★ 中国新式轻型防暴装甲车

新式轻型防暴装甲车车体为全封闭结构，主要由 3 块高强度均质钢装甲板焊接而成，整体采用倾斜式多面几何形体造型。该车车窗全都采用同等级防弹玻璃，车体两侧和后面设有多个观察窗和射击孔。在炮塔上，该车装有可拆卸更换的 81 式班用机枪和阻击枪托架，根据作战需要，可快速更换托架和更换武器。车辆左右两侧各有 1 个九管发射管，一旦遇到紧急情况，一次可同步发射 18 枚催泪弹，发挥更大的威力，可有效控制、驱散骚乱人群。

▲ 装甲防暴车且可满足公安、武警及部队各种任务需要

★ "剑齿虎"装甲车

"剑齿虎"装甲车是中国警方专用防暴装甲车。该车车身两侧中间凸起分成两个倾斜平面，与前部挡风玻璃及发动机舱体形成多个斜面，这样能大大降低子弹的钻入或穿透车体的能力，而且易产生跳弹现象。该车车体坚固，轮胎即使没气，车还能继续行驶，而且车体和玻璃都能经得起各类步枪的扫射，并在车身设置多个射击孔，可确保车内的特警有效抵御或攻击车外的歹徒。在武器方面，该车可针对实战需要安装 12.7 毫米高平机枪、14.5 毫米机枪、自动榴弹发射器以及自动武器站等武器装备。

两栖装甲车

两栖装甲车是一种不用舟桥、渡船等辅助设备就能自行通过江河湖海，并能在水上航行和射击的履带式装甲战斗车辆。两栖装甲车不仅具有出色的浮渡和潜渡能力，而且在陆地上的机动性和火力性能与其他装甲车比起来一点也不差。两栖装甲车辆最早出现于一战结束之后，当时美、法两国首先试验了一种水陆两用坦克。

★★ 浮水原理 ▶▶

由阿基米德原理"物体在水中受到的浮力大小等于被这个物体排开水的重量（力），即等于水的比重乘以物体入水部分体积"可知，坦克和装甲车需要像潜艇那样靠密闭车体才能获得一定浮力。由于装甲车辆车体较小，没有潜艇那样庞大的车体，所以重量不能太大，否则很难保证拥有足够的浮力。一般水陆两用装甲车的装甲都比较薄，以 LVTP-7 装

▲ LVTP-7 水陆两栖装甲车

甲车为例，该车的车体即是铝合金焊接结构。要保证良好的浮力，车辆的密封性就特别重要，一般水陆坦克的通气口等都在车顶。

LVTP-7 水陆两栖装甲车

★★ "游泳"方式 ▶▶

一般的坦克都是可以下水的。轻型坦克通常可以靠自己的浮力漂在水面上，同时靠自己的另一套独立的推进器助推前进。而中型坦克由于车身较重，除了两根用于发动机进气、排气的管子伸出水面外，整个车体都需要下潜到5~6米深的水里，靠自身的履带在水底的地面前进。因为受管子长度的限制，所以这类坦克一般不能下到特别深的水里。

两栖运输车 ▶▶

两栖运输车主要用于把登陆兵及其装备和物资从登陆舰送到岸上，并由陆上运到预定地区。这种车辆通常没有防护装甲，分为履带式和轮式两种。履带式两栖运输车可以通过一般登陆艇所不能接近的珊瑚礁和浅滩，能够在其他轮式车辆不能达到和通行艰难的地区行驶，且可以强行通过障碍。例如，美国制造的LCAX-1重型履带两栖运输车不仅能运载登陆兵，而且还能运送没有漂浮能力的装甲运输车、火箭发射装置等。

见微知著　　水陆两栖坦克

水陆两栖坦克用于水网地带、强渡江河和登陆作战。此类坦克能依靠自身力量进行浮渡，通常都装有水上推进装置，是可在水上和陆地使用的坦克。两栖坦克在克服水障碍方面，能够进行潜渡，但潜渡水深不能超过5米，潜渡江河的宽度一般不宜超过1000米。

轮式两栖运输车 ▶▶

轮式两栖运输车虽然在泥泞、沼泽地及沙地上行驶不及履带式运输车，但在硬质路面上却能疾行如风。它主要用于运送装备和登陆兵所需的各种物资器材。美国海军陆战队曾在20世纪50年代末开始大量装备载量为5400千克的LARC-5型轮式两栖车。这些轮式两栖车实际上是一种装有螺旋桨、具有密闭车体的大装载量的汽车。它的航海性能一般比较差，只能在风力2~3级下航行，尤其在遇到大浪时非常危险。因此，登陆时要选在适宜的海湾，以缩短航渡距离。

▲ 轮式两栖运输车

AAV7两栖装甲车既能克服3米高的海浪，又能在整车浸没入水中的情况下行进

★ 国防科技知识大百科

未来装甲车

进入 21 世纪以来，伴随着信息网络技术的飞速发展和材料科学的不断进步，作为装甲部队中坚力量的装甲车辆也进入一个全新发展的阶段。为适应未来战争的需要，目前世界各国在加紧发展未来新型作战系统的同时，也在不断对装甲车辆进行更大改进。提高武器系统性能、增强战场生存能力和信息化作战能力是各国战车今后的主要发展方向。

★ 未来作战系统 》》

未来作战系统（简称FCS），是一种全新的武器系统，内容包括无人作战车辆、火炮、导弹发射架、机器人和无人机等重要因素，而这些也将是未来战场上的主力武器。在未来战场上，这些先进的武器将通过一个通用的网络有机地联系在一起，形成一个武器系统，并能不断自我更新，不断加入新的高端装备技术。在未来作战系统上，美国起步最早，建设成就也最大。其他国家，如英国、俄罗斯等也在积极跟进。

▲ 未来作战系统——网络控制系统

★ 地面战斗车辆 》》

随着地面战争形势的不断变化，美国在提出未来作战系统的同时，也在不断改进其地面作战车辆。根据美国国防部要求，未来这种地面战斗车辆的性能要和美国主力装甲车"布拉德利"一样，拥有更大的杀伤力和弹道防护能力，比防地雷反伏击车更好的简易爆炸装置防护能力，比"艾布拉姆斯"坦克更好的越野机动性。这听起来像是一种完美的工具，但因为预算太大，该计划已经搁浅，或许在未来能够实现。

▲ 未来作战系统——无人地面车辆

★★★ 多用途装甲车 ▶▶▶

    2014年，美国国防部决定更新美军部分陆军装备。在更新的陆军装甲装备中，美国选中多用途装甲车（AMPV）来替代越战时期M113装甲运输车。这种装甲车辆有多种变形车，如装甲运输车、装甲指挥车和装甲医疗车等。AMPV是以美国现有的M2/M3"布莱德利"步兵战车的底盘改进的。为了增加生存能力，车体内部的燃料箱改装到装甲车体的外部后侧。为了增加车体底部对地雷的防护，底板用钢铁装甲加强。

▲ AMPV装甲越野车

★★★ 机器人战车 ▶▶▶

    除多功能战车外，机器人战车也是未来装甲车的发展方向之一。机器人战车，按照移动方式可分为步行式、轮式和履带式三种。步行战车有双腿、四腿、六腿或八腿等多种类型。由于步行机器人移动速度太慢，关节多，结构复杂，影响其应用，因此机器人战车中，主要还是以轮式和履带式为主。目前，美国的TMAP军用机器人、ALV自主式地面车辆、"突击队员"军用机器人、"普洛拉"机器人战车等都是比较著名的机器人战车。

见微知著　　　　　　　**机器人**

    机器人是一种能自动执行工作任务的机器装置。它既可以接受人类指挥，也可以提前编排程序，或者可以根据以人工智能技术制定的原则纲领行动。机器人的任务是协助或取代人类的工作，例如生产业、建筑业，或者极危险的战场（如排雷等）。

▼ 未来战车属于智能化武装力量，装备大量先进设备，能够执行多种任务

陆战之王 ▶▶▶

　　坦克是英文"tank"的音译，是一种把防护、火力和越野能力集于一身的重型陆战武器。坦克诞生于一战的硝烟烽火之中，至今已有近百年的历史。在近现代战争史上，坦克这个"钢铁巨兽"作为各国陆军中最重要的作战武器，不仅是地面战场走向的主宰，也是衡量各国军队战斗力水平的重要标准。凭借着一身穿不透的钢甲、强大的火力和优越的机动能力，坦克在地面战场上称雄近百年，被誉为"陆战之王"。

★ 国防科技知识大百科

坦克的诞生

到了近代，火器的大量应用使得战争进入一个全新的时代。一战中，堑壕、铁丝网和机枪火力点构成的防御阵地，使得交战双方都进退两难，为打破阵地战的僵局，各个交战国都迫切需要一种新型武器来改变战争进程。而内燃机、履带、火炮和装甲技术的发展，又为这种新武器的诞生奠定了基础。1915年，这种新武器在英国诞生，这就是坦克。

★★ 机动机枪火力车 ▶▶

19世纪末，出现了几种将机枪装在机动车辆上的机动机枪火力车。尽管非常简陋，但这种机动机枪火力车是在近代工业化的基础上，将火力、机动和防护汇集一身的初步尝试。1898年，美国人戴维德松发明的机动机枪火力车是一种4轮机动车辆，有4名乘员，装有1挺机枪，但只有简单的防护。同年，德国人西姆斯发明一种机动巡逻车。该车装有1挺马克西姆机枪，有1台小型戴姆勒发动机，也可脚蹬。机枪手的前方有1块防盾，起简单的防护作用。

寻根问底
"坦克"的名称是怎么来的？

汉语"坦克"是英语"tank"的音译，"tank"原意为"大水柜"。在坦克发明后，有人嘲笑铁甲车像个大水柜（tank），就用"tank"称呼它，此后"tank"便传开来，并被沿用至今。

★★ 坦克诞生的背景 ▶▶

1914年10月，一战中的欧洲战场陷入僵局。此时，英军中校温斯顿提出，需要制造出一种能够在遍布铁丝网的战场上开辟道路、翻阅壕沟并能摧毁和压制机枪火力的装甲车来打破战场的僵局。1915年9月，英国政府利用拖拉机、枪炮制造和冶金技术制成的样车进行了首次试验并获得成功。

▶ 达·芬奇设计的龟形"坦克"的复制坦克模型

"小游民"和"大游民"

1915 年 9 月，英国研制成功的样车被称为"小游民"，全重 18.289 吨，装甲厚度为 6 毫米，配有 1 挺 7.7 毫米"马克沁"重机枪和几挺 7.7 毫米"刘易斯"重机枪，最大时速达 3.2 千米，越壕 1.2 米，能通过 0.3 米高的障碍物。"小游民"是世界上第一辆坦克。由于"小游民"的越障能力不能适应战场的需要，因此在 1916 年，英国生产出改进型的"大游民"，即后来定名的"马克"I 型坦克。

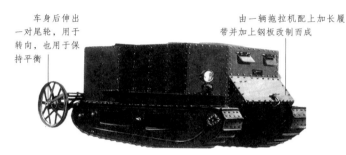

车身后伸出一对尾轮，用于转向，也用于保持平衡

由一辆拖拉机配上加长履带并加上钢板改制而成

▲ 1915 年 8 月，世界上第一辆坦克"小游民"在英国诞生。"小游民"实际上是用拖拉机配上加长履带，并附加上钢板改制而成的，其后部有一对转向尾轮，起转向和平衡作用

▲ "马克"I 型坦克的"雄性"

▲ "马克"I 型坦克是人类历史上第一种投入实战的坦克。它的出现彻底突破了一战中的阵地壕沟对陆军的阻碍，同时也将人类带入了一个机械化战争的时代

"马克"I 型坦克

"马克"I 型坦克制造出来后，英国人按照不同的作战需求为其配备了不同的武器装备，并把装有机枪的坦克戏称为雌性坦克，而把装有火炮和机枪的坦克称为雄性坦克。这两种型号的坦克越障能力十分突出，均达到了英军方要求的越壕宽 2.44 米、通过垂直墙高 1.37 米的性能要求。1916 年 9 月 15 日，有 48 辆"马克"I 型坦克首次投入索姆河战役，但由于种种原因，实际上只有 18 辆投入战斗。这是战争史上第一次使用坦克，虽然首次参战战果不佳，但这让德军和其他国家开始重视这个新出现的庞然巨物。

早期的坦克

　　世界上最早生产坦克的国家是英国和法国。在英、法两国的坦克出现后，德国和美国紧随其后，也研制出自己的坦克。早期的坦克五花八门，形态各异，这反映出各国军事家和设计师们对坦克这一新生的军事利器在认识上的差异。早期的坦克有菱形车体加过顶履带的，有箱形车体的，也有像"雷诺"FT-17轻型坦克这种已具现代坦克雏形的坦克。

★ "马克"Ⅰ型坦克 ▶▶

　　"马克"Ⅰ型坦克是世界上第一种参加实战的坦克，其中"雄性"型号装有2门57毫米火炮和4挺机枪，战斗全重28.45吨；"雌性"型号仅装5挺机枪，战斗全重27.43吨，乘员为8人。该坦克装甲厚6~12毫米，具有庞大的菱形车体，两条履带绕过车体，车两侧有突出的炮座（"雌性"型号），车后有一对转向尾轮。另外，该坦克虽然最大速度仅为为6千米/时，但要靠4名乘员操纵才能正常行驶，而在射击时，需要乘员先打开炮闩，从炮膛孔中瞄准目标。

▲ "马克"Ⅴ型是"马克"Ⅰ型的衍生型

★ 聚焦历史 ★

　　A7V坦克于1918年装备德军，是德国正式生产的第一种坦克。该坦克的战斗全重约为30吨，乘员达18人，车体为箱形结构，上部有角型望塔，装有1门57毫米短身管加农炮和六七挺7.92毫米机枪等武器。

★ 英国"赛犬"中型坦克 ▶▶

　　1918年初，英国陆军装备了新研制的"赛犬"中型坦克。该坦克战斗全重约为14吨，最大速度约为13千米/时，共有3名乘员。在设计上，它抛弃了过顶履带的方案，增加了机枪塔，配备了4挺机枪。从1918年3月首次参战，一直到一战结束，"赛犬"中型坦克共生产了200辆。

法国"施纳德"突击坦克

1916 年,"施纳德"突击坦克在法国陆军服役。该坦克装甲厚度为 11.5 毫米,装有 1 门 75 毫米榴弹炮和 2 挺 8 毫米机枪,战斗全重 14.6 吨,最大速度为 7.5 千米/时,共有 6 名乘员。从开始服役到一战后退役,"施纳德"突击坦克共生产了 400 多辆。

◀ 法国"施纳德"突击坦克

法国"圣沙蒙"突击坦克

"圣沙蒙"突击坦克也是于 1916 年在法国陆军服役的,但服役时间要比"施纳德"突击坦克略晚一些。该坦克装甲厚度为 17 毫米,装备有 1 门 75 毫米榴弹炮和 4 挺机枪,战斗全重约为 23 吨,最大速度为 8 千米/时,共有 8 名乘员。由于动力采用电力传动装置,每条履带由 1 台电动机带动,"圣沙蒙"突击坦克比设计时重了 5 吨多,车体的前后两端均超过了履带长度,使得它很容易陷入不平整的地面,或在壕沟搁浅。

▼ 美国"福特"轻型坦克

美国"福特"轻型坦克

"福特"轻型坦克是美国在 1918 年研制成功的一种轻型坦克,但直到 1919 年仅生产了 15 辆,未能参加一战。该坦克只有 4.15 米长,1.65 米宽,1.6 米高,战斗全重仅约 3 吨,只有 2 名乘员。由于重量非常轻,"福特"轻型坦克行驶速度要比同期坦克快得多,最大速度为 13 千米/时。在武器上,它装配有 1 门 57 毫米火炮和 1 挺机枪。

▲ "福特"轻型坦克有极强的机动性,除了用于战斗,还可执行侦察巡逻等任务

★国防科技知识大百科

坦克的结构

现代坦克大多是传统车体与单个旋转炮塔的组合体,通常由武器系统、推进系统、防护系统、通信系统、电气设备及其他特种设备和装置组成。在总体布置上,大多数坦克是驾驶室在前,战斗室居中,动力传动室在车体后部且发动机纵置。有的坦克将发动机横置,有的坦克将动力、传动装置布置在车体前部。

★★ 坦克的履带 ▶▶

传统的车轮在野地很容易下陷,更难越过一些突起的石块和土埂等障碍。长期的实践使人们有了设置履带的想法:用韧性的绳或活动关节把许多板块联结成环形带,围绕车辆的前轮和后轮,形成一条无限长度的轨道。车辆一面前进,一面沿着滚动的前轮自动铺设轨道,车轮在轨道上面滚后,轨道又沿着后轮自动卷起,再从轮子上方回绕到前轮,再去铺设。这种轨道的最大优点就是能使车辆越野行驶。履带就是这样一种轨道,使坦克即使在崎岖的地表也能如履平地。

坦克能在崎岖路面和泥泞的沼泽地快速行驶,这与它那双"铁脚板"——履带是分不开的

高压滑膛炮

★★ 武器装备 ▶▶

坦克的主武器多采用 120 或 125 毫米口径的高压滑膛炮,炮弹基数一般为 40~50 发,主要弹种有尾翼稳定的长杆式脱壳穿甲弹和多用途弹。脱壳穿甲弹采用高密度的钨合金或贫铀合金弹芯,初速为 1 650~1 800 米/秒,在射击距离内,可击穿 500 余毫米厚的均质钢装甲。多用途弹对钢质装甲的破甲深度可达 600 毫米,而且兼备杀伤爆破弹功能。

★★★ 火控系统 ▶▶▶

现代坦克的火控系统，包括数字式火控计算机及各种传感器、炮长和车长瞄准镜、激光测距仪、微光夜视仪或热像仪、火炮双向稳定器和瞄准线稳定装置、车长和炮长控制装置等。

其中，火控计算机用微处理机作中心处理装置；传感器可自动输入多种信息，供计算火炮瞄准角和方位提前角；炮长主瞄准镜多为可昼夜测距、瞄准的组合体装置，并配有瞄准线稳定装置；车长主瞄准镜一般为周视潜望式。

◀ 勒克莱尔主战坦克内部指挥室

★★★ 通信设备 ▶▶▶

坦克内部一般有一部短波或超短波调频电台和一台车内通话器，车外有用于与步兵联络的通话盒。指挥坦克通常装备两部电台，现代坦克电台多采用集成电路，带有保密机、抗干扰装置和微处理控制器，最大通信距离可达25~35千米。

寻根问底
坦克的通行能力怎么样？

现代坦克最大爬坡度约30°，越壕宽2.7~3.15米，过垂直墙高0.9~1.2米，涉水深1~1.4米。多数坦克装有导航装置，随车携带有可拆卸的潜渡装置。

坦克各个部位：12.7毫米防空机枪、120毫米滑膛炮、7.62毫米防空机枪、指挥潜望镜、主动轮、前甲板、侧装甲裙板、履带、负重轮

▲ 坦克各个部位

坦克后视图

★★★ 防护系统 ▶▶▶

坦克的车体和炮塔前部多采用金属与非金属复合装甲，车体两侧挂装屏蔽装甲，有的坦克在钢装甲表面挂装了反应装甲，这能有效地提高抗弹能力，特别是防破甲弹穿透能力。坦克正面通常可防御垂直穿甲能力为500~600毫米的反坦克弹丸攻击。

坦克的特点

坦克是现代陆军作战的主要武器，具有直射火力强、越野机动性高和装甲防护力强等特点。在战争中，坦克主要执行与对方坦克或其他装甲车辆作战，也可以压制、消灭反坦克武器，摧毁工事，歼灭敌方有生力量，是现代战争中一种威力极大的重武器。

★★ 坦克的划分

坦克种类繁多，装备各异，按战斗全重和火炮口径的大小可分为轻型(20吨以下)、中型(20~40吨)、重型(40吨以上)三种。这种分类方式太多粗略，因此20世纪60年代以来，许多国家将坦克按照用途划分为主战坦克和特种坦克。其中，主战坦克是一种超重型坦克，是现代装甲兵的主要战斗兵器，用于完成多种作战任务；特种坦克是装有特殊装备，专门负责侦查、空降、喷火、扫雷和两栖作战等任务的坦克。

▲ "夏尔"B1重型坦克是法国陆军在二战前期装备的一种重型坦克，也是当时最轻的重型坦克

▲ 美国M1A1"艾布拉姆斯"主战坦克机动性好，速度快，可在1 500~2 000米处发现目标，并提前开火击中目标

★★ 坦克的三大要素

火力、越野力和防护力是现代坦克战斗力的三大要素。坦克的火力是指坦克识别、杀伤和毁灭敌方目标的能力，防护力是指坦克避免被敌军发现、击中和破坏的忍耐力，越野力是指坦克对战场上多种复杂地形的适应能力和战略上的运送能力。以上三个要素共同影响坦克的性能和战斗力。比如，加强装甲的防护力后，因为重量的增加会降低机动力，改用大型主炮加强火力后，会因炮塔前方装甲较弱及车体平衡而影响坦克的防护力和机动力。

★★ 坦克的性能 ▶▶

　　坦克性能的强弱主要取决于坦克的观瞄系统、火炮威力和弹药威力。现代坦克一般采用先进的计算机、红外、微光、夜视、热成像等设备对目标进行观察、瞄准和射击。坦克火炮可发射穿甲弹、破甲弹、碎甲弹和榴弹等多种类型的炮弹，还可以发射导弹。除了巨大的破坏力外，其命中率也很高，2000 米原地对固定目标命中率能达 80%，如果再配以激光半主动制动导弹，其命中精度还会提高。坦克炮的命中精度和导弹相差不大，所以各国主战坦克仍以火炮为主要攻击武器。

▼ T–72 坦克外形紧凑低矮，炮塔顶距地高度仅为 2.19 米，是现今所有炮塔坦克中最低的。其炮塔系铸造结构，呈半球形，最厚装甲为 280 毫米

★★ 坦克的"软肋" ▶▶

　　坦克虽然火力强，机动性好，但却看不到、打不着近距离的目标。也就是说，它有一定的观察死角和射击死界。距离坦克 25 米以内的目标，坦克手看得见打不着；8 米以内的目标，就根本看不见了。另外，坦克的"眼睛"也很娇贵，像光学瞄准镜、夜视设备等都暴露在外，很容易被击毁。"眼睛"一旦被击毁，坦克就会漫无目的地横冲直撞，成为被攻击的目标。为了能在行进间击中目标，坦克上安装了双向(水平和高低方向)稳定器，它能同时稳定火炮的射角和射向，从而提高射击精度。

寻根问底

世界上最重的坦克是什么？

　　二战中，德国建造的"鼠"式重型坦克是世界上最重的坦克，总重 188 吨，是现代坦克总重的 3～4 倍。该坦克长 9 米，高 3.66 米，宽 3.67 米，正面装甲厚达 200 毫米，装有 1 门 128 毫米火炮、1 门 75 毫米火炮和 1 挺机枪。

▼T80 主战坦克光学瞄准镜、夜视设备

坦克的装甲

在现代战争中,坦克已成为名副其实的"陆战之王"。随着大量形形色色的反坦克武器出现,坦克被击毁的可能性也大大地增加了。其实,坦克之所以能存在,是因为它有让操纵人员和武器保持安全与作战能力的装甲,而不是它的机动性和杀伤力。如今,坦克装甲已从铆钉焊接装甲迈入复合夹层装甲甚至贫铀装甲的新时代。

防护升级

一战期间的坦克装甲均是均质钢板,比较薄,其厚度多数为5~16毫米。20世纪60年代以后,随着新材料、新技术、新工艺的应用,复合装甲、贫铀装甲、爆炸反应装甲、屏蔽装甲、间隔装甲等新型防护装甲相继被研制出来,使坦克装甲防护能力有了较大提高。此时,装甲的厚度达到150~200毫米,再加上一定的倾角(装甲和水平面的夹角),装甲厚度可达到250毫米,是最早坦克装甲的30多倍。

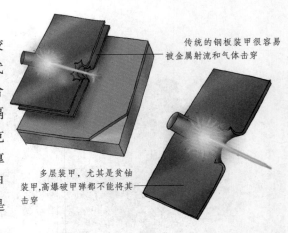

传统的钢板装甲很容易被金属射流和气体击穿

多层装甲,尤其是贫铀装甲,高爆破甲弹都不能将其击穿

"矛"与"盾"的较量

坦克的装甲不能越来越厚,因为装甲过厚,会增加坦克的自重,进而影响行进速度,使坦克不能适应战时的行进要求,以及快速部署应急部队和应付突发事件的要求。随着坦克火炮的口径越来越大,穿甲弹、破甲弹的杀伤力也越来越大。它在2 000米外发射,能穿透300~600毫米的均质垂直钢装甲,这又增加了坦克装甲与反装甲武器之间的新矛盾。为解决这一矛盾,各国开始对坦克装甲进行改造,提高坦克的防弹能力。

◀ "豹2"坦克装有复合装甲,防弹能力突出

★"乔巴姆"复合装甲►►

复合装甲是由英国人发明的,发明它的装甲研究院所在地是乔巴姆小镇,所以就以"乔巴姆"来命名。复合装甲,顾名思义就是由两种以上不同材料组合而成的、能有效地抵抗破甲弹和穿甲弹攻击的新型装甲。复合装甲一般由高强度装甲钢、钢板铝合金、尼龙网状纤维和陶瓷材料等组成,其抗破甲弹的能力是普通钢质装甲的5倍。"乔巴姆"复合装甲是世界上最先进的坦克防护装甲,已被英国的"挑战者"、美国的M1和德国的"豹2"坦克所使用。

▲ 使用了"乔巴姆"复合装甲的德国"豹2"坦克

★贫铀装甲►►

1987年,美国研制出贫铀装甲,并将其装到新型M1A1主战坦克上。贫铀装甲是由钛质装甲和网状尼龙纤维构成的复合装甲。这种新装甲的密度是钢装甲的2.6倍,在经过了特殊生产工艺处理后,其强度可提高到原来的5倍,因此,坦克的防护能力也大为提高。在海湾战争中,新型M1A1主战坦克经受住了考验。伊拉克使用的T72坦克是世界上最先进的主战坦克,装有125毫米大口径滑膛炮,但也打不穿M1A1主战坦克的坚固装甲。

▶ M1A1主战坦克的特种装甲是由钢和其他材料组成的"三明治"式结构,可以抵御具有动能穿透力的破甲弹的袭击

坦克的迷彩伪装

坦克不仅有一身坚固的铠甲,而且它的伪装手段也非常高明。坦克的伪装手段很多,如用植物、迷彩、人工遮障、假装目标、灯光和音响作为伪装等。在诸多的伪装手段中,迷彩是坦克最常见也是最常用的伪装手段。当今各国陆军装备的坦克,都有不同的迷彩。这些迷彩除了战时的伪装功能之外,在和平时期也成为独具特色的一种标志。

▲ 早期土黄色坦克

★ 变形迷彩

坦克的"迷彩服"上有多种颜色,或斑点,或条纹,形状很不规则,因此人们叫它变形迷彩。变形迷彩对坦克这种活动目标十分合适。坦克穿林过沟,行进速度非常快,很容易被发现,涂上变形迷彩后,就几乎与周围环境一样,因此很难被发现。已有试验表明,在炮火中,涂上变形迷彩的坦克的存活率要比涂上普通迷彩的高。

★ 早期的迷彩

早期坦克的外表大多涂有土黄色的漆,为的是与裸露的地表颜色一致。后来涂成草绿色的坦克也多了起来,这使得坦克更接近夏季植物的颜色。在西欧,一些国家的军队在冬季把坦克外表涂成白色,以便让坦克完全融合于白雪之中,让人分不出坦克与雪的区别。色调简单的保护迷彩,涂起来很方便。但是由于坦克所处的地形地貌并不是一成不变的,有时会在短期内经历不同的地貌,因此,色彩单一的迷彩很难适应环境的需要。

▶ 不规则变形迷彩

★ 迷彩的设计

坦克的迷彩色彩已从过去的单色发展到双色、三色乃至四色，并形成了专门的图谱，而且各种涂料的调配也已形成了规则。因为现代战争已很少用火炮直接瞄准坦克进行射击，往往是用红外观察仪和一些光学仪器来进行侦察。如果坦克活动的地方有植物和土地，那么坦克迷彩上的绿色和土黄色各自该占多大比例，迷彩图案怎么设计，才能让它们的色感和光谱发射特性和植物、土地的特征接近，这些都是必须考虑的，否则就无法以假乱真。

▶ 与所处环境接近的迷彩

★ 现代迷彩技术

随着现代科技的发展，迷彩技术获得了突飞猛进的发展，防红外线、防雷电波涂料的研制也取得了重要成果。一旦把这些新材料涂在坦克上，那些被称为"千里眼"的红外夜视仪和激光侦查仪等先进设备立刻就成了瞎子。但是，再好的迷彩伪装和真实的地形地貌也是有区别的，坦克的自我保护还要通过设置假目标来迷惑敌人，就像三国时的诸葛亮"草船借箭"一样，也要用释放烟雾等其他手段配合。虽然如此，但迷彩伪装现在已经成为坦克不可缺少的重要防护手段。

▲ 释放烟雾

> ### ★ 聚焦历史 ★
>
> 1974年，美国陆军专门设计了白色、黄色、草绿等12种颜色的伪装色彩。他们根据自然地貌和不同季节，从12种颜色中选择、组合出8种典型地貌的迷彩图谱。而部队可根据实际情况参考图谱，选定3种颜色自行喷涂。

★国防科技知识大百科

坦克的武器

坦克的武器包括坦克炮、机枪和弹药，其中坦克炮是主要武器。坦克炮一般分为滑膛式和线膛式两类，口径一般在105~125毫米之间，特点是威力大、射速快、命中率高。坦克炮多装在可以360°回转的装甲炮塔内，与观瞄火控设备、自动装弹机和炮塔回转机构组成坦克的武器系统。

★★ 坦克的火控系统 ▶▶

坦克的火控系统即火力控制系统，是用于控制坦克武器(主要是火炮)搜索、瞄准和发射的系统。该系统可缩短射击反应时间，提高首发命中率。现代坦克的火控系统按瞄准控制方式分类，可分为扰动式、非扰动式和指挥仪式三种。20世纪70年代以后，不少国家成功研制并装备了综合坦克火控系统。该系统具有以下特点：快速发现、捕获和识别目标；反应时间短；远距离射击首发命中率高；全天候和夜间作战能力强；操作简便，可靠性高；配有自检系统，维修容易。

▲ M1A1"艾布拉姆斯"坦克的内部指挥台视图

★★ 坦克炮 ▶▶

坦克主要进行近距离作战，因此坦克炮在1 500~2 500米距离范围内威力最为强大，精度和可靠性最高。现代坦克炮是一种高初速、长身管的加农炮，主要安装在可旋转的炮塔内。乘员通过操纵台借助动力传动装置或电动液压传动装置实现炮塔旋转，使坦克炮有360°的方向射界，可进行圆周射击。由于装有稳定装置，坦克炮在坦克行进或者停在原地时都射击，并准确命中目标，因而火力机动性非常好。

▲ 坦克炮

★★★ 坦克炮的炮弹 》》

　　除了尾翼稳定脱壳穿甲弹、破甲弹和碎甲弹等主要炮弹外，现代主战坦克还配备有许多别的炮弹，比如对付野战工事，杀伤有生力量，通常配备有榴弹；为对付接近坦克的敌方步兵，通常配备有榴霰弹或群子弹；有的坦克还配备照明弹、烟幕弹和燃烧弹等。现代主战坦一次所携带的各种弹药的总数通常为34~63发，它们按照装填方式分为定装式和分装式炮弹。

▲ 50毫米坦克炮的炮膛内部

★★★ 辅助武器 》》

　　现代坦克配备的辅助武器一般是一挺并列机枪、一挺航向机枪和一挺高射机枪。并列机枪通常并列安装在火炮右侧，与坦克共用一个火控系统。航向机枪（又称前机枪）安装在驾驶员右侧的航向机枪架上。其射向与坦克行驶方向一致，是通过驾驶员改变坦克的方向来进行射击的。并列机枪和航向机枪的口径一般为7.62毫米，用来歼灭和压制敌人的有生力量和步兵火器。高射机枪的口径一般为12.7毫米，用来歼灭俯冲的敌机和空降目标，也可对地面目标射击。

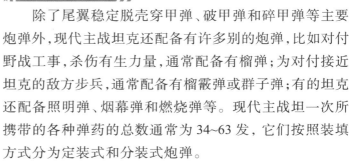

▲ 坦克机枪是坦克重要的辅助武器，通常分为并列机枪和高射机枪，分别用来消灭近距离敌人和低空目标

寻根问底

坦克炮口径最大的坦克是什么？

　　美国M60A2"星际战舰"主战坦克装有152毫米口径的两用火炮，是火炮口径最大的坦克。它可发射炮弹及"橡树棍"反坦克导弹。M60A2坦克于1966年生产，1973年服役，目前已经退役。

★ 国防科技知识大百科

坦克的"保护神"

> 　　战场上，风驰电掣的坦克往往都满载弹药，因此一旦着火，后果将不堪设想。在现代战场上，破甲弹、碎甲弹等炮弹是坦克的克星，特别是破甲弹，它能给坦克造成致命伤害。破甲弹的金属射流不仅能破坏坦克的装甲，还能杀伤坦克内的乘员。一旦破甲弹穿透油箱，坦克就有灭顶之灾。为摆脱这种厄运，一种被誉为"坦克保护神"的装置被研制出来。

★ "梅卡瓦"的"保护神"

　　1982年，在以色列入侵黎巴嫩战斗中，尽管以军的"梅卡瓦"坦克也有被反坦克武器击穿的记录（300辆中有10辆被击穿），但单车乘员的伤亡仅是其他坦克的一半，而且没有一人是被烧死的，这是以往任何一次坦克大战中都不会出现的纪录。为什么会有这样的结果？因为"梅卡瓦"把全部弹药储存在车体后部的专用防火箱内。这种防火箱用特殊材料制成，即使1 000℃高温持续1小时也不会引爆炸弹。除此之外，"梅卡瓦"坦克还安装有灭火装置、抑爆装置。

📖 见微知著　"梅卡瓦"主战坦克

　　"梅卡瓦"主战坦克是以色列国防军装备的自主生产的主战坦克。该坦克亲历了以色列爆发的数次冲突，是当今世界经历实战次数最多的主战坦克。其因良好的防护、火力和机动性，被称为世界上"防护性最好的坦克"。

▼ "梅卡瓦"坦克装有以色列斯佩克卓尼克斯公司专门研制的自动灭火抑爆装置，可在60毫秒内抑制并扑灭油气混合气体的燃烧和爆炸

★★★ 早期坦克的灭火装置 ▶▶

　　早期的坦克采用固定灭火装置,分为手提式、半自动式和自动式三种。手提式灭火器装有几个灭火瓶,在容易着火的地方安有几个喷嘴,中间用管道连通。用时,只需扭动开关,灭火剂就喷出来。半自动灭火器多装一个报警系统,当坦克出现火情时,火焰感受器感受到温度或烟雾就会自动报警。报警器一响,乘员就迅速打开灭火剂喷射装置进行灭火。而自动灭火器装置多一个控制盒,当出现火情时,在报警的同时并自动打开灭火瓶,按照预定程序进行灭火。

▶ 早期准备装备在坦克上的灭火瓶

★★★ 现代坦克上的灭火装置 ▶▶

　　现代主战坦克上的灭火装置采用自动灭火抑爆装置。该装置反应特别快,探测火源快,喷射灭火剂快,灭火快。这主要是因为在坦克火险的要害部位使用了光学传感器。该传感器反应时间仅为5毫秒,十分迅速。另外,它的控制盒能在接到传感信号后,马上做出判断并发出指令,迅速实施灭火。它能区分油料的火光、火柴光和灯光。它只接受双光谱或三光谱,也就是和油箱起火时的光谱相近的火光,并且辐射强度超过一定值时,它才向灭火瓶发出指令,以防止误报。

▶ 自动灭火抑爆装置

★★★ 灭火过程 ▶▶

　　现代主战坦克的自动灭火装置所用的灭火瓶与一般的灭火瓶不同。它的瓶阀是小雷管式的,一爆炸瓶阀就会打开,时间仅有5毫秒。以"梅卡瓦"坦克为例,坦克中弹后,装甲被穿透,油箱被高速金属喷流穿透而起火。这时,它的光学传感器在5毫秒内就探测到火源并开始工作,灭火瓶在12毫秒内打开并喷射大量灭火剂,可持续喷射50~100毫秒,将火扑灭。它真正起到了被击中但不被摧毁的防护作用。

▼ 以色列"梅卡瓦"坦克

★ 国防科技知识大百科

战争中的坦克

坦克自问世至今已有近百年的历史。在近现代战争史上,坦克是地面战场上独一无二的主宰,是衡量各国军队装备水平的重要标准。在二战中,坦克成为战场主角,大发神威。在海湾战争中,由于高技术兵器的运用,坦克不像以前那样璀璨夺目了,但它在这场战争中威力犹存。高新技术的应用,使新型坦克继续发挥它攻势凌厉的特长。

★ 曼纳海姆防线 ▶▶

在 1927—1939 年间,芬兰在卡累利阿地峡构筑起一道坚固的防御工事,并以军队总司令曼纳海姆的名字来命名。该防线全长 135 千米,最大纵深 95 千米,由保障地带、主要防御地带、第二防御地带和后方防御地带组成。整个曼纳海姆防线预先构筑的坚固射击工事有 2 000 多个。在苏芬战争开始之前,芬军还在防线设置了地雷场,破坏可能被苏军利用的铁

路和桥梁等。1940 年 2 月 1 日,20 万苏军出动了大量 OT26、OT133 喷火坦克烧毁了芬军的土木工事,突破了芬军苦心经营的曼纳海姆防线。

◀ 海湾战争中正在行进的坦克

▶ 正在执行作战任务的"梅卡瓦"坦克

★ 海湾战争 ▶▶

1990 年 8 月 2 日,伊拉克 2 个装甲师和 1 个机械化师的 1 000 多辆坦克、步兵战车、装甲车越过边境,入侵科威特。8 月 6 日,伊军 11 个师共计 20 万人、2 000 多辆坦克开进科威特,对科威特实施全面占领。1991 年 1 月 17 日,以美国为首的多国部队在海湾地区集结了 69 万军队(美军 45 万人)、3 700 多辆各型主战坦克,以及大量的飞机和军舰,发动"沙漠风暴"军事行动。在持续 1 个多月的战斗中,双方投入了共计近 8 000 辆坦克,结果美军以损失 56 架飞机、35 辆坦克、2 艘舰艇的代价赢得了战争。

★★★ "沙漠军刀" ▶▶▶

▲ "沙漠军刀"行动中的"挑战者"坦克

"沙漠军刀"是海湾战争中地面军队的行动代号。在这次行动中,多国部队投入了各国最先进的坦克,比如美国使用的是M1和M1A1坦克,英国使用的是"挑战者"坦克。与此相比,伊拉克的坦克就比较落后,除有一部分T72坦克外,大部分是T54、T55和T62等第一、第二代主战坦克。即使是比较先进的T72坦克,与M1、M1A1和"挑战者"相比,整体性能也存在不少差距,特别是远战和夜战能力较差。因此,在100小时的地面作战中,伊军的坦克部队几乎无还手之力,在短时间内就被打得一败涂地。

★ 聚焦历史 ★

在海湾战争的"沙漠军刀"军事行动中,M1A1主战坦克大显神威,在与伊军的对抗中,M1A1主战坦克创造了击毁伊军1 000多辆坦克而自己仅损失9辆的惊人战绩。

◀ 正在行进的美国M1A1主战坦克

★★★ 雄踞中东的"梅卡瓦" ▶▶▶

"梅卡瓦"坦克是世界上唯一一种坦克和步兵战车结合为一体的坦克,也是当今世界上投入实战次数最多的主战坦克。在1982年6月以色列侵略黎巴嫩的战争中,这种新式坦克首次使用就表现不凡。在一次不足10分钟的交战中,以军的"梅卡瓦"坦克就毁伤对方坦克19辆,自己却只有几辆受伤。"梅卡瓦"坦克一举成为中东地区最优秀的坦克。

主战坦克

二战结束后，西方各国意识到坦克的重要性，开始各自研制新一代坦克。这些军事大国投入大量人力、物力，应用各种高新技术，推出了多种主战坦克。和其他类型的坦克相比，主战坦克不仅块头最为巨大，在火力和防护力上超过了昔日的重型坦克，而且还克服了重型坦克机动性差的缺点，拥有极强的战地适应性。

★★ 性能特点 ▶▶

主战坦克就是在战场上担负主要作战任务，对敌进行积极、正面攻击的坦克。它的火力和装甲防护力达到或超过以往重型坦克的水平，同时又具有中型坦克机动性好的特点，是现代装甲兵的基本装备和地面作战的主要突击兵器。主战坦克一般重量为40~60吨，乘员3~4人，越野时速为35~55千米，最大行驶时速可达72千米，配有105~125毫米的滑膛炮或线膛炮，携带39~60发穿甲弹、破甲弹、碎甲弹和榴弹等，每分钟可发射6~9发炮弹。

▲ 主战坦克作为现代装甲部队的主力军，向来以强大的火力、出色的机动性和坚不可摧的防护性能著称于世

★★ 发展历史 ▶▶

二战以后，一批新型战斗坦克开始涌现，它们的火力、防护能力和机动性等方面得到很大提升。后来，西方各国将原来的轻、中、重型坦克重新分类，将中、重型坦克中的新型战斗坦克称为主战坦克。目前，主战坦克已经发展到第三代，其中比较著名的有美国的M1A2、M1坦克，俄罗斯的T80、T72坦克，德国的"豹"2坦克，英国的"挑战者"坦克，中国的99式坦克等。

英国研制的第二代主战坦克——"奇伏坦"主战坦克的炮塔防护能力非常强，可抵御包括反坦克导弹和坦克炮弹在内的各种反坦克武器的攻击

★ 战场表现 ▶▶

　　1973 年第四次中东战争中的戈兰高地坦克战，是一场规模空前的现代坦克大战。当时，叙利亚、埃及与以色列军队在戈兰高地上共投入了 2 000 多辆坦克进行交战，其中大多数是主战坦克。戈兰高地的坦克大战进行了 18 天，双方的主战坦克经过多次厮杀，共损失了 1 000 多辆。而在海湾战争中，多国部队投入了 3 700 多辆坦克，发动"沙漠军刀"行动，这次军事行动中的坦克大多数是新一代主战坦克。

▲ "沙漠军刀"行动中新一代主战坦克

★ 未来走向 ▶▶

　　随着科技的发展，各国的军工业也在迅速发展。在今后一段时期，采用带主动装甲、被动装甲的附加装甲将是增加坦克装甲防护能力的趋势之一。另外，坦克顶部和底部防护也成为重点考虑的问题之一。随着坦克防护要求的不断提高，主动防护技术的应用也将随之加快。未来坦克还将实现火控系统数字化和操作自动化，以增强乘员对其的指挥和控制能力。目前，高新技术纷纷用于主战坦克，美、德、英、法、俄等国相继推出自己的新一代主战坦克。

▶ 第三代主战坦克具有最为强大的火力和最先进的装备。图为第三代主战坦克"挑战者"2 主战坦克

寻根问底

坦克怎样分类？

　　一般按年代来划分：1950—1960 年期间发展的坦克称为战后第一代主战坦克；1960—1970 年为第二代；1970—1980 年为第一中间代；1980 年以后，在第二代坦克基础上改进的主战坦克称为第二中间代；而 1980 年以后发展的新坦克则称为第三代主战坦克。

★ 国防科技知识大百科

M1 主战坦克

美国现役中最高性能的主战坦克要属M1"艾布拉姆斯"主战坦克。20世纪70年代，美军为了与苏联数量庞大的坦克相抗衡，开始设计M1，因而它是冷战时期典型的产物。20世纪80年代后，在美国多次对外大规模军事行动中，M1系列主战坦克以其机动性强、火力精准强悍等优势跻身全球最佳主战坦克之列，成为美国陆军引以为傲的装备。

▲ M1"艾布拉姆斯"主战坦克

★ 研制背景 ▶

从20世纪60年代起，美国开始研发一种采用全新技术的主战坦克，希望摆脱M-46/47/48巴顿系列坦克的基本设计，但过程并不顺利。1958年，美国推出的第一个计划——T95坦克计划，由于技术不成熟、问题众多而夭折。之后，美国沿用M48的技术路线发展改良型的巴顿M60坦克，并以此作为全新主战坦克的过渡型坦克。从1971年开始，美国陆军展开新一代XM1主战坦克的研发方案，并交给克莱斯勒军品部与通用汽车公司进行开发。1976年，经过测评，克莱斯勒的设计获胜，成为后来的M1坦克。

★ 定型生产 ▶

1976年，M1原型车与德国的"豹"2AV原型车进行了一次对比测试，评估结果显示两者在机动力、火力上不相上下，但在防护方面M1原型车略胜一筹，因此美国陆军决定采用M1。1982年，克莱斯勒将其军品部门卖给通用汽车公司，所以M1的生产厂商就变为通用公司。1978年，M1正式投产。1981年，第一辆先期量产型的M1坦克正式进入美国陆军服役。当年2月，美军正式采购7 058辆M1坦克。到1984年，美军对M1坦克订单数追加到7 467辆。此后，M1坦克逐渐替换了一线部队的M60系列。

▼ M1"艾布拉姆斯"主战坦克

★☆☆ 独特的装备 ▶▶

　　在世界上现役的坦克中,M1是唯一采用车载燃气轮机作为主发动机的坦克。在装甲方面,M1的车头以及炮塔正面等最易遭受攻击的部位加装了复合装甲,而没有被复合装甲保护到的部位都以高级钢甲构成,这种防护方式可降低造价、减轻重量。在设计上,M1采用了钢和其他材料组成"三明治"式结构,不仅车身十分紧凑,受弹面积比较小,而且防护能力极强,可以抵御破甲弹的袭击。

车体两侧各有7个负重轮

装有防核、生物、化学武器的超压系统

炮塔位于车体中部

车体前部加装贫铀装甲,强度是原来的5倍

▲ M1A1"艾布拉姆斯"主战坦克机动性好,速度快,在近10年世界各地爆发的战争中出尽风头

★☆☆ 武器装备 ▶▶

　　鉴于同时期西方与苏联的坦克都采用口径在120毫米以上的主炮,因此,在武器装备方面,M1的炮塔在设计之初就能容纳120毫米的坦克炮。M1炮身储存有55发105毫米炮弹,其中44发储存于炮塔尾的主弹舱中,8枚存放于车体的装甲弹舱,其余3发位于炮塔吊篮底板的防弹箱内。除主炮外,M1有1挺12.7毫米重机枪(备弹900发),以及2挺7.62毫米轻机枪(其中1挺为同轴机枪,另1挺则为装填手机枪,总共备弹11 400发)。除此以外,车身两侧还有一具66毫米六管烟雾弹发射器(备弹24发)。

▲ M1A1 射击的主炮

★ 国防科技知识大百科

T-95 主战坦克

　　2010 年 4 月，俄罗斯媒体宣称，之前被炒得沸沸扬扬的 T-95 坦克已经开始研制。T-95 是一款按全新概念设计的采用俄罗斯大量最新技术制造的第四代坦克。俄专家评价说，T-95 新型主战坦克的设计是独一无二的，它解决了长期存在的坦克防护和机动性之间的矛盾，战术技术性能大大优于西方最新式的主战坦克，是俄罗斯一个强有力的陆战新杀手。

★★ 研制背景 ▶▶

　　20 世纪 80 年代中期，西方各国竭尽全力地对刚服役的第三代坦克进行改进，企图在质量上赢得对苏军的优势。与此同时，苏联也不甘示弱，相继推出了性能先进的 T-64、T-72 和 T-80 三种主战坦克的改进型号。虽然如此，苏联军方依旧认为改良型坦克的总体性能仍不能对西方新一代主战坦克形成绝对优势。1986 年，设在莫斯科的装甲坦克总局正式提出新一代主战坦克的要求。之后，苏联各坦克设计局投入到新一代坦克的设计工作中去，但由于各种原因，这一计划一直没有进入实施阶段。

★★ "坦克之王" ▶▶

　　21 世纪，随着火炮技术的进步、作战网络的完善，俄罗斯的主战坦克开始了"钢铁蜕变"，而且 T-95 新型主战坦克正是这一变化的典型代表。T-95 坦克号称"坦克之王"。俄研发商宣称，T-95 坦克无论是火力、防护力，还是机动能力，都是世界一流的；西方坦克若想超过 T-95 坦克，至少还需要 10 年。俄媒体称，T-95 坦克目前已完成了沙漠条件下的一系列测试。

烟雾中的 T-95
新型主战坦克

★★ 结构特征

　　T-95采用无人炮塔,因而不用考虑乘员的位置与安全,所以炮塔比T-72的小了约1/4,更为低矮。T-95前部呈碟形扁平,炮塔正面倾角达到70°,安装有复合装甲,防弹性能一流。炮的后部两侧各安装有12具烟幕弹发射器。由于炮塔低矮,正面轮廓很小,所以被敌击中的概率远低于有人炮塔坦克。此外,在装甲质量相同的情况下,和常规坦克相比,其生存能力显然大为提高。

寻根问底

T-95坦克的机动性能怎么样?

T-95坦克配备的全新研制的柴油发动机既有西方发动机高功率和可靠性,又具有本国发动机结构新颖、重量轻的特点,其功率介于1200~1500千瓦之间。再加上全自动的传动装置,T-95坦克最大越野速度达到85千米/时,最大行程达700千米。

▲ T-95坦克底盘样机

★★ "苏式铁军"复活

　　规模庞大、机动性强的装甲部队一直是苏联军队引以为傲的铁拳。T-72、T-80和T-90本质上为同系列坦克,车体和外形大体相同,只是在电子系统、火炮和弹药方面进行了相应的

▲ T-95坦克发射的炮射导弹可远距离击穿1200毫米厚的装甲

升级和改进。而T-95已经彻底颠覆了T-72系列坦克的设计理念,尤其是它高度集成化的无人炮塔。这一设计不仅使得坦克火力变得更强大,而且一改以往苏制坦克不注重乘员安全性的通病,使乘员获得了较好的防护。T-95的投产可望一举扭转俄装甲部队老型号当家的困局,为俄军装甲部队注入新的活力。

轻型坦克

　　轻型坦克是早期坦克的一种类型，重 10~20 吨，火炮口径不超过 85 毫米，主要用于侦察、警戒，也可用于特定条件下作战。早在二战以前，轻型坦克就作为支援步兵的战斗车辆，在战场上发挥了一定的作用。20 世纪 80 年代以后，为了达到在战场上快速部署兵力的作战目的，世界各国都十分重视研制轻型坦克。

▲ 轻型坦克全重一般在 20 吨以下

★★ 基本简介 ▶

　　轻型坦克主要是相对于传统的中型和重型坦克而言的，是外形小、重量轻、速度快、通行性高的战斗坦克。轻型坦克主要用于在主战坦克不便通行和展开的地区进行战斗任务，也广泛地装备于坦克部队和机械化步兵部队的侦察分队。轻型坦克比较适合在山地、丘陵、水网密集的稻田和沿海地带作战。

★ 兴盛时期 ▶

　　二战之前，轻型坦克主要是用来支援步兵作战的。当时，比较著名的轻型坦克有苏联早期的 T26、T27、T46 坦克，后来出现的 T30、T60、T70、T80 系列坦克。与此同时，美国也在 1933 年前后开始大量生产自己的轻型坦克，数量达到 27 000 多辆。这一时期是轻型坦克的兴盛时期。二战结束后，除一些发展中国家仍将轻型坦克作为主要装备外，在大量装备主战坦克的西方国家里，轻型坦克已处于次要地位，常被用作特种坦克。

▶ 德国轻型坦克

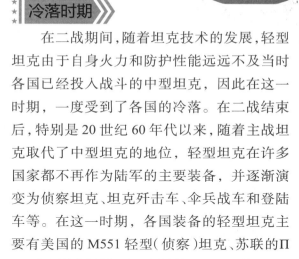

▲ 美国的 M551 型轻坦克

★★再被重视 ▶▶

随着现代科学技术的发展，主战坦克的生产制造成本急剧升高。比如，美国的 M1 主战坦克单车价格在 1988 年为 256 万美元。如此高的成本给各国的财政都带来了沉重负担。到 20 世纪 80 年代，美国及西方某些国家再次重视起轻型坦克。比如，美国海军陆战队提出要装备一种机动防护武器系统，后来陆军又提出研制机动防护炮系统的计划，这实质上是一种轻型坦克计划。随着各国在现代局部战争中对快速部署部队的重视，轻型坦克的发展问题又开始重新被提上日程。

▶ 虽然主战坦克的火力强大、防护性能超强，但轻型坦克却灵活方便、机动性强

★★冷落时期 ▶▶

在二战期间，随着坦克技术的发展，轻型坦克由于自身火力和防护性能远远不及当时各国已经投入战斗的中型坦克，因此在这一时期，一度受到了各国的冷落。在二战结束后，特别是 20 世纪 60 年代以来，随着主战坦克取代了中型坦克的地位，轻型坦克在许多国家都不再作为陆军的主要装备，并逐渐演变为侦察坦克、坦克歼击车、伞兵战车和登陆车等。在这一时期，各国装备的轻型坦克主要有美国的 M551 轻型(侦察)坦克、苏联的ΠT76 轻型(水陆)坦克、法国的 AMX13 等。

寻根问底

新轻型坦克有什么特点？

较之以往，新轻型坦克在技术水平上有了很大的提高。比如，新轻型坦克的火控装置达到了主战坦克的水平，使其从发现目标到射击的反应时间大大缩短。另外，新轻型坦克还配备了各种新式装甲、三防装置等。

★ 国防科技知识大百科

M3 "斯图亚特" 轻型坦克

M3 "斯图亚特" 轻型坦克是美军在 M2A4 坦克的基础上研制的, 主要用于侦察、警戒和执行快速机动作战任务。美国一共制造了 13 859 辆 M3 "斯图亚特" 坦克。M3 系列轻型坦克在二战中使用十分广泛, 除了装备美军, 还提供给英国、加拿大和苏联等盟国使用。其参加的战斗主要有非洲西部沙漠战斗、英军在缅甸的战斗和太平洋战争等。

★★ 研发历史 ▶▶

二战爆发后, 坦克在战场上的重要作用日益显现。此时, 美军开始认识到坦克的快速突击作用, 并不断装备新的轻型坦克。1940 年, 美军在装甲板铆接结构的 M2A4 轻型坦克基础上, 增加装甲厚度, 安装诱导轮, 改进防空武器等设备, 改进设计出 M3 轻型坦克。1940 年 7 月, M3 轻型坦克定型。到 1942 年 8 月, 美国共生产了 5 811 辆 M3 轻型坦克。此后, M3 系列轻型坦克又衍生出 M3A1 和 M3A3 两型。后来, 美军在 M3 轻型坦克的基础上又研制了 M5 系列轻型坦克。

▲ M3 "斯图亚特" 轻型坦克

★★ 武器配备 ▶▶

M3 轻型坦克车体前装甲板和侧装甲板是垂直的, 其主要武器为 1 门 37 毫米火炮, 辅助武器为 5 挺 7.62 毫米机枪, 1 挺安装在火炮右侧, 1 挺安装在车体前部右侧, 2 挺安装在车体两侧机枪座内, 1 挺安装在炮塔顶部。炮塔顶部有 1 个小指挥塔。此后, 美军对 M3 轻型坦克的炮塔又进行了改进, 变为焊接结构, 取消了炮塔顶部的小指挥塔, 两侧的机枪也予取消, 辅助武器变为 3 挺 7.62 毫米机枪: 1 挺并列机枪、1 挺前置机枪和 1 挺高射机枪。

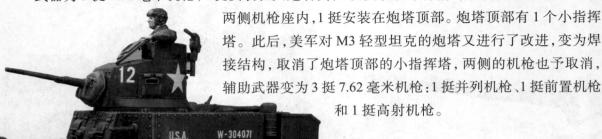

◀ 经过多次改进的 M3 轻型坦克被美英联军广泛使用

★★|M3A3 ▶▶

M3A3 是 M3 系列轻型坦克最后一种改进型,行驶速度快,越野能力强,但车体较窄,限制了主要武器的口径,而且车体较高,整车目标大,尤其是车上的凹部太多,极易受到炮弹的攻击。该型坦克 1942 年 8 月批准定型,于 1943 年开始投产,共生产了 3 427 辆。

寻根问底

M3"斯图亚特"轻型坦克有哪些变型车?

M3"斯图亚特"轻型坦克的变型车主要有 T1 扫雷车、T2 坦克、T2 坦克抢救牵引车、T6 火炮运载车、T16 重型牵引车、指挥车和喷火坦克等 20 多种型号。

▲ M3 轻型坦克曾在北非战场上重创德军

★★|长期被使用 ▶▶

在二战期间,M3 轻型坦克由于具有一定的火力、较快的行驶速度和良好的越野性能,所以得到了广泛的使用。在北非战场上,美英联军的 M3 轻型坦克、M4 中型坦克等多次给德军以重创。二战结束后多年,玻利维亚、巴西和韩国等国家的军队还在使用 M3 轻型坦克。

★★|身现战场 ▶▶

在北非战场上,英军凭借着 M3、M4 坦克击败了德国非洲集团军司令隆美尔的非洲军团。在中国的解放战争中,中国人民解放军缴获过很多美国提供给国民党军队的 M3 中型坦克。而在太平洋战争中,M3 系列轻型坦克与 M4 中型坦克一道,重挫了日军的 95 式轻型坦克和 97 式中型坦克,给日本以沉重打击。

▶ M3 轻型坦克越野性优异,非常适合快速突击作战

★ 国防科技知识大百科

"克里斯蒂"中型坦克

在世界坦克发展史上,真正有意识研制坦克悬挂装置是在一战结束后。当时,美国的一些军工企业和坦克设计师千方百计地设计性能更加优越的坦克。1919 年,美国坦克设计师克里斯蒂设计出他的第一辆坦克,并首次在坦克的两个负重轮上采用平衡悬挂装置,还加设了弹簧。这种平衡悬挂装置使他的坦克在平衡方面比同时期各国坦克先进得多。

★★ M1919 型号 ▶▶

1919 年,克里斯蒂设计完成了自己的第一辆坦克 M1919 型坦克。这种坦克的中间两个负重轮采用平衡悬挂装置,并有弹簧,这一点比当时欧洲各国早期坦克都要先进。有趣的是,坦克顶部有两个小炮塔。炮塔不能旋转 360°,但火炮安装在炮座内,有较好的射界。这种坦克的最大缺点是发动机功率太小,因而坦克的行驶速度太慢。由于发动机功率上的劣势,美军只对 M1919 型坦克进行了测试,并没有采购。

▲ 1932 年,克里斯蒂设计的坦克

★★ 改进型号 ▶▶

1921 年,克里斯蒂设计出 M1919 型的改进型坦克 M1928。这就是第一辆"克里斯蒂"坦克,后来定名为 T3"克里斯蒂"中型坦克。之后,克里斯蒂筹建了美国轮履式车辆有限公司,并开始生产这种坦克。在 20 世纪 30 年代,只有少量"克里斯蒂"中型坦克装备美军。这种坦克强调机动性,速度极快,但可靠性较差。

M1928 坦克进行测试

▲ 爆炸后露出的"克里斯蒂"悬挂装置

★★★ "克里斯蒂"坦克 ▶▶▶

"克里斯蒂"坦克外形十分醒目，其车头为尖楔的形状，已初步具备了倾斜甲板的防弹外形。该坦克最出众的地方就是它首次采用4个大直径负重轮、主动轮后置的悬挂装置，从而提高了负重轮的行程，也使坦克的行驶速度可以达到44千米/时。另外，"克里斯蒂"坦克在履带损坏后，负重轮仍可正常行驶，而且行驶速度更快，在路面状态较好时可达75千米/时。

★★★ T3"克里斯蒂"坦克 ▶▶▶

T3"克里斯蒂"坦克全重约10吨，共有3名乘员，装甲为12.7~16毫米厚的钢装甲，动力装置为一台军用12缸水冷汽油机，最大功率为248.5千瓦，主武器是1门37毫米短身火炮，备弹126发，辅助武器为4挺7.62毫米机枪和1挺并列机枪，备弹3 000发。

寻根问底

"克里斯蒂"坦克为何没落了？

"克里斯蒂"坦克虽然行驶速度比较出众，但也有不足之处。它的操纵系统不灵活，并且由于悬挂装置全都拥挤在车内，使得车内空间狭小。此外，它的履带寿命较短，只有在轮式运行时才能达到高速，而轮式运行是无法越过障碍物的。由于这些缺点，所以美国军方就对该坦克失去了兴趣。

▼ 行进中的 T3"克里斯蒂"坦克

特种坦克

特种坦克是指装有特殊装备，负担专门任务的坦克。20世纪60年代，坦克技术快速发展，重型坦克被淘汰，主战坦克承担了主要作战任务。但战场情况复杂，为了满足需要，各国又研制出具有特殊功能的坦克，这就是特种坦克。如今，特种坦克已成为坦克家族中的重要分支，包括扫雷坦克、两栖坦克、抢救坦克和架桥装甲车等。

★ 扫雷坦克 ▶▶

扫雷坦克是装有扫雷器的特种坦克。扫雷坦克的扫雷器主要有机械扫雷器和爆破扫雷器两类，可根据战场需要临时挂装。机械扫雷器按工作原理分为滚压式、挖掘式和打击式三种。滚压式扫雷器重7~10吨，它利用自身钢轮重量压爆地雷。挖掘式扫雷器利用齿形的犁刀将地雷挖出并排列到车辙以外。打击式扫雷器利用运动机件拍打地面，使地雷爆炸。滚压式和挖掘式每侧扫雷宽度0.6~1.3米，扫雷速度为10~12千米/时。打击式扫雷宽度可达4米，扫雷速度为1~2千米/时。

▲ 谢尔曼扫雷坦克

★ 两栖坦克 ▶▶

二战中，德军在法国的诺曼底半岛部署了强大的炮兵部队，企图挡住盟军的登陆。当时的盟军统帅经过周密策划，决定出动两栖坦克偷袭诺曼底的滩头阵地。两栖坦克又称为"水陆两栖坦克"，是一种既能在陆上又能在水上行驶和作战的坦克。两栖坦克的车体呈船形，密封得严严实实，既能增加浮力，又能防止漏水。有的两栖坦克可以浮在水面上，靠独立的推进器前进，而有的不能浮在水面上，需要靠履带推动水底的土前进。两栖坦克主要用于强渡江河、近海登陆和在水网地带作战。

浮在水面上的两栖坦克利用喷水装置向后喷水前进

★★★ 抢救坦克 ▸▸▸

　　抢救坦克被誉为坦克的救护车。抢救坦克是一种特种坦克,其外形就像一辆大吊车。它力量巨大,能将掉进沟里或深陷泥潭的坦克吊起来或拖出来。同时,抢救坦克也是一个小工厂,它能及时修好发生故障或被敌方炮击伤的坦克。以中国84式抢救坦克为例,其乘员有5人,最大行驶速度为50千米/时,最大抢救拉力为300千牛。抢救坦克与指挥坦克一样,没有火炮,只装有一挺12.7毫米的高射机枪。

见微知著　　　　浮桥

　　浮桥泛指用船或浮箱代替桥墩,浮在水面的桥梁。浮桥一般是用几十或几百艘船艇(或木筏、竹筏、皮筏)的船身代替桥墩,横排于河中,上铺梁板做桥面,既可用于人行,又可通过车辆。

▲ 抢救坦克

▸ 架桥坦克

★★★ 架桥坦克 ▸▸▸

　　架桥坦克也叫坦克架桥车,是工兵部队用于架桥的特种坦克。架桥坦克的顶部大多没有炮塔,取而代之的是一座扁平、可以伸缩的钢桥。当行驶到河边时,架桥坦克便把折叠的钢桥一头高高举起,然后将钢桥一节节地放开,桥梁的另一头就架在水中,20多米长的浮桥便在河上架起。一辆架桥坦克架完桥后,另一辆可以接上前一段浮桥继续架。这样一辆接一辆,在短时间内一座占地浮桥就架成了。架成的浮桥可以供步兵、坦克、火炮等通过。

喷火坦克

　　喷火坦克就是会喷火的特种坦克,坦克上装上喷火装置就成了喷火坦克。喷火坦克的出现打破了传统喷火武器只能在近距离作战的局限,它结合了火箭和喷火武器的双重功能,在战场上可以产生强大的威慑力。喷火坦克有两种:一种以喷火器为主要武器,用喷火器取代火炮,坦克上只配有大口径机枪作为辅助武器;另一种主要武器仍然是火炮和机枪。

★ 最早的"喷火战车"

　　二战期间,盟军采用了普通坦克改装成的"喷火战车"。但是这些喷火战车往往只是简单地将普通坦克上的车载机枪替换成火焰喷射器,并加装燃料拖车,不仅射程十分有限,而

且操作起来还有很大的风险。世界上第一辆喷火坦克是由意大利在 20 世纪 30 年代发明的。当时意大利军队装备了由 M33 型和 M35 型轻型坦克改装的喷火坦克,并在 1935—1941 年入侵埃塞俄比亚的战争中首次实战应用。

◀ M4A3R3 喷火坦克出现在战场上

▶ 苏制的 TOS1 喷火坦克

★★ 发展过程 ▶▶▶

在入侵埃塞俄比亚的战争中,意大利人使用了喷火坦克,这也是喷火坦克首次出现在战场上。二战期间,喷火坦克得到广泛使用,其主要代表有英国的"丘吉尔鳄鱼"喷火坦克等。二战以后,美国将 M4A4、M5A1、M48A2 等坦克改装成多种型号的喷火坦克,其中一些曾在朝鲜战争和越南战争中被大量使用。

◀ 二战后,"丘吉尔鳄鱼"喷火坦克作为珍贵的战争文物,存放于大英战争博物馆中

★★ 主要功能 ▶▶▶

喷火坦克的喷火装置由喷火器、燃烧剂储存器、高压气瓶或火药装药、控制器等组成。喷火装置利用压缩空气的压力,将燃油喷出,在喷口处由点火器点燃,喷发出火焰。在战场上,喷火坦克主要用于穿越敌方地雷区,摧毁敌方火力强大的堡垒、壕沟等目标。除此之外,喷火坦克在近距离内能喷射火焰,杀伤有生力量和破坏军事技术装备等。

> 📖 **见微知著**
>
> ### 火焰喷射器
>
>
>
> 火焰喷射器通常用于消灭近距离敌人,也用于清扫那些碉堡、工事(燃烧着的油料会从工事的射击孔、通气孔等地方窜入,带给碉堡中的敌人高温和窒息)。20 世纪 90 年代,在扫雷行动中,火焰喷射器也被用于扫雷作业。

★★ 机械化喷火器 ▶▶▶

在冷战期间,苏联研制的 TO55 式喷火坦克装载的喷火器可算是当时最先进的机械化喷火器。它的射程达到 200 米,不仅能自动喷火,而且火力非常猛,每分钟能喷射 7 次。

▶ M67 火焰喷射器坦克

★★ TOS1 喷火坦克 ▶▶▶

苏制的 TOS1 喷火坦克完全颠覆了传统设计,它的战斗使命已经不是简简单单地"喷火",而是远距离、大面积地进行轰炸和纵火。20 世纪 80 年代,苏军曾将 TOS1 用于阿富汗战场。事实证明,这种喷火坦克特别适合于山地、岛屿、坑道和壕沟等地形作战,具有其他武器所没有的精神震慑作用。

二战中的坦克

坦克的问世,深刻地改变了地面战争的形式。法国最先提出以集群坦克为核心的新的作战思想,但德国却首先将这种思想付诸实战,并发展为肆虐欧洲的"闪电战"。二战期间,交战双方生产了约30万辆坦克和自行火炮,并出现了上千辆坦克参加的大会战。大战中,坦克与坦克、坦克与反坦克火炮进行了殊死对抗,促进了中、重型坦克技术的迅速发展。

★ 代表型号 ▶▶

二战中,坦克成为地面战场上最主要的突击兵器,这一时期的坦克主要有苏联T-34中型坦克、IS2重型坦克,德国PzKpfw V"黑豹"中型坦克、PzKpfw VI"虎"式重型坦克,英国"丘吉尔"步兵坦克、"克伦威尔"巡洋坦克,日本97式中型坦克等。

见微知著   闪击战

闪击战又称闪电战,是由德国名将古德里安首先创建的战争模式。它是充分利用飞机、坦克的快捷优势,以突然袭击的方式制敌取胜的战争模式。快、奇、集中是闪击战的三个重要因素。

★ 苏联T-34中型坦克 ▶▶

T-34中型坦克于1940年开始装备苏军,并于次年6月首次参战,是二战中苏联装甲部队的主要装备,对之后的坦克发展产生了一定的影响。该坦克全重32吨,乘员5人。武器为1门76毫米(后改为85毫米)火炮和2挺7.62毫米机枪,最大速度为50千米/时,最大行程达300千米,最大装甲厚度为18~60毫米。

▼T-34坦克具有超强的越野机动能力,即使在冰天雪地的战场,也能如履平地地奔驰

德国 PzKpfw Ⅴ "黑豹" 中型坦克

1942 年初,德国坦克在与 T-34 坦克对抗中,一直处于被动挨打的境地。为了扭转不利局面,德国军方研制生产了 PzKpfw Ⅴ "黑豹" 中型坦克。该坦克战斗全重 44.8 吨,乘员 5 人,装载 1 门 75 毫米火炮和 2 挺 7.92 毫米机枪,火炮和车身前方采用了厚度为 20~120 毫米倾斜装甲,并安装了一台 515 千瓦的发动机,最大速度达 46 千米/时,是二战中德国最好的坦克。

◀ "黑豹"中型坦克采用了身管稍短的 75 毫米火炮,该种火炮可以在 1 000 米的射击距离上击穿 140 毫米厚的装甲

▲ "虎"式重型坦克

德国 PzKpfw Ⅵ "虎" 式重型坦克

1942 年,德国装备了 PzKpfw Ⅵ "虎" 式重型坦克。该坦克在服役当年参加了列宁格勒的战斗,之后又被广泛用于苏德、北非和西欧战场。"虎" Ⅰ 坦克战斗全重 55 吨,乘员 5 人,搭载 1 门 88 毫米火炮和 2 挺 7.92 毫米机枪,最大速度为 38 千米/时。1943 年,德国生产了 "虎" Ⅱ 坦克,其战斗全重为 69.7 吨,火力和防护力比较好,但机动性较差。

英国 "丘吉尔" 步兵坦克

"丘吉尔" 步兵坦克于 1941 年开始装备英军,并于次年首次参加战斗,是二战中英国生产数量最多的一种坦克。该坦克有 18 个型号,其中 Ⅰ 型战斗全重 38.5 吨,乘员 5 人,武器为 1 门 40 毫米火炮和 1 挺机枪,最大装甲厚度 152 毫米,最大行驶速度为 24.8 千米/时。

▲ "丘吉尔"步兵坦克

★国防科技知识大百科

坦克的克星

二战以来，坦克就一直被人们认为是"陆战之王"。当时战场上的坦克横行无忌，不可一世。然而，自20世纪70年代以来，它却一次又一次地遇到新对手的挑战，如反坦克导弹、反坦克炮、武装直升机、反坦克地雷等一次次将坦克摧毁。在这些敢于与坦克争锋的利器中，反坦克导弹无疑是坦克最致命的克星。

★ 研发背景 ▶

1943年，纳粹德国陆军为了抵挡苏联红军强大的坦克优势，在当时空军X-4型有线制导空空导弹方案的基础上，研制了专门打坦克的X-7型导弹。1944年9月，X-7型基本研制成功，但未及投入使用德国就战败投降了。1953年，法国研制成功SS-10型反坦克导弹，并在1956年投入实战。SS-10型是世界上最早装备部队、最早实战使用的反坦克导弹。此后，反坦克导弹逐步迅速发展。

▲ SS-10型反坦克导弹

★ 发展阶段 ▶

反坦克导弹是指用于击毁坦克和其他装甲目标的导弹。和反坦克炮相比，反坦克导弹重量轻，机动性能好，能从地面、车上、直升机上和舰艇上发射，命中精度高、威力大、射程远，是一种有效的反坦克武器。目前，反坦克导弹已经发展到第四代，其中第四代大多处于研制中，而第三代在战场上已被广泛使用。第三代反坦克导弹通过车载和机载提高了机动能力，进一步增大了射程，提高了飞行速度和命中率，在制导方式上采用激光、红外、毫米波等新体制，其代表型有美国的"陶"2、"海尔法"等。

◀ 美国军队 FGM148 标枪反坦克导弹

▶"海尔法"反坦克导弹具有半主动激光、射频/红外和红外成像三种导引选择,其中红外成像导引型装爆破杀伤战斗部,用于装备美国海军陆战队

"陶"式反坦克导弹

"陶"式反坦克导弹是美国研制的一种光学跟踪、导线传输指令、车载筒式发射的重型反坦克导弹武器系统。1962年,美国休斯飞机公司开始研制"陶"式反坦克导弹。3年后,该反坦克导弹发射试验成功,并开始逐步装备部队。之后的几十年中,美国不断改进"陶"式反坦克导弹,研制出了多种型号,如"陶"2型。"陶"2型于1979年开始研制,1983年装备部队,主要改进包括采用大口径战斗部、增程发动机、新的数字式发射制导装置、改进的红外热成像夜视瞄准具等。

见微知著　　反坦克步枪

反坦克步枪也称战防枪,是专门用于击穿车辆装甲的步枪,最主要的攻击对象是战车。它可用于打击300米以内的坦克和装甲车辆,也可用于射击800~1 000米以内的土木工事和火力点。多数反坦克步枪口径较大,发射高初速穿甲弹或穿甲燃烧弹等弹药。

"霍克"反坦克导弹

"霍克"反坦克导弹是20世纪60年代由法、德两国联合研制的第二代重型反坦克导弹,主要安装在车辆和直升机上,打击远距离坦克、装甲车和其他地面目标。该反坦克导弹长0.75米,重22千克,采用两级固体燃料火箭发动机作为动力装置,有线制导或红外自动遥控为制导装置,可摧毁75~4 000米范围内、装甲厚度为700毫米的坦克目标。

MIM-23"霍克"反坦克导弹

★国防科技知识大百科

未来的坦克

坦克已经称霸地面战场将近百年，在未来的地面战场上，是否能保住"陆地之王"的称号还有待证明。但有一点可以肯定，在可预见的将来，只要发生战争，这种集火力、机动、防护于一身的武器就不会退出战场，依然会占有一席之地。随着科学技术的发展，未来坦克将充分运用科技成果，进一步提高坦克的火力、越野力和防护力。

★★ 未来趋势 ▶▶

进入21世纪之后，一些采用新技术、新结构的坦克将出现在战场上，如置顶火炮式坦克，装有电磁炮的坦克，双人坦克乃至单人坦克，采用近程反导系统、绝热式发动机、电磁装甲的坦克等。这些新式坦克的出现，将会对未来战场形势乃至战略战术带来革命性的影响。未来坦克的设计方案，已经出现在设计师的设计桌上，并开始出现在试验场上。

◀ 电磁炮曾是冷战时代美国"星球大战"军备计划的重点项目，被视为对抗核弹的秘密武器

▼ 电磁炮攻击销毁核武器想象图

★★ 电磁炮和电热炮 ▶▶

利用电磁力来推动弹丸的设想由来已久。从20世纪80年代开始，设计师们就已建造了各种电磁炮实验装置，并取得了一系列成果。但要想将电磁炮用于实战，还要解决一系列技术难题，如导轨烧蚀、大容量电磁能量储存器、瞬态开关等。电热炮是一种利用电能和化学能的混合型炮。依照目前的发展形势，电热炮可能在电磁炮之前用于坦克上。

★★ 双人坦克 ▶▶

　　随着人工智能化技术的发展，自动化和智能化也开始应用在坦克上。自动化和智能化不仅会使坦克从繁重的体力、脑力劳动中解脱出来，提高坦克的战术技术性能，而且还会使坦克乘员人数减少，比如自动装弹机可以取代装填手。当坦克的火控系统进一步自动化，发展成自动跟踪和射击的武器系统时，就可以将车长和炮长合为一人，这样，只需两人就能操纵一辆坦克，将双人坦克变成现实。

> 见微知著　　绝热式发动机
>
> 　　绝热式发动机又称陶瓷发动机，是以优质绝热材料制造主要受热部件的一种新型热力发动机。这种发动机可提高燃烧效率、减少散热损失，可取消庞大的冷却系统，使发动机的体积缩小 1/3。

★★ 单人坦克 ▶▶

　　单人坦克就是由单人驾驶的坦克。单人坦克的概念率先由美国提出。1985 年，美国国防高级研究计划局公布的《未来坦克概念论证报告》中首次提出单人坦克的设想。这种坦克具有人工智能（机器人系统），只有 1 名乘员，有多种武器系统，装甲防护增强，可空运，战斗全重约 13 吨。

▼ 一辆正在进行测试的新型坦克

★★ 顶置火炮式坦克 ▶▶

　　这种坦克采用顶置火炮式结构，与传统的前置火炮有很大区别，将改变 70 多年来炮塔式坦克的传统模式。去掉炮塔，可以使坦克的战斗全重减轻约 10 吨，但需解决高点观察、瞄准和自动装弹等问题。

▼ 在试验场中进行测试的顶置火炮式 XM1203 坦克